Maker 基地嘉年华

玩转乐动魔盒学 Scratch

■ 管雪沨　韦国　蒋砾 著

Learn to Program with Scratch

人民邮电出版社
北京

图书在版编目（CIP）数据

Maker基地嘉年华 : 玩转乐动魔盒学Scratch / 管雪沨，韦国，蒋砾著. -- 北京 : 人民邮电出版社，2016.10
（创客教育）
ISBN 978-7-115-43411-1

Ⅰ. ①M… Ⅱ. ①管… ②韦… ③蒋… Ⅲ. ①程序设计—少儿读物 Ⅳ. ①TP311.1-49

中国版本图书馆CIP数据核字(2016)第232955号

内 容 提 要

Scratch是一款由麻省理工学院(MIT) 设计开发的面向青少年的简易图形化编程工具。用户通过软件中积木形状的模块来进行程序的编写，极大降低了青少年学习编程的门槛。

Labplus是深圳盛思科教文化有限公司在MIT Scratch 2.0 基础上研发的一套针对8岁以上孩子学习的图形化编程软件。本书以Labplus和Scratch Box（乐动魔盒）为学习载体，通过生动有趣的案例，介绍了Scratch图形化编程的基本规则、功能应用和技巧，包括与相关硬件传感器的互动应用方法。

本书适合开设与创客教育有关的课程及开设校园创客空间的中小学师生使用，也适合校外创客教育机构开设青少年编程课程使用。

◆ 著　　　管雪沨　韦　国　蒋　砾
责任编辑　房　桦
责任印制　周昇亮

◆ 人民邮电出版社出版发行　　北京市丰台区成寿寺路 11 号
邮编　100164　　电子邮件　315@ptpress.com.cn
网址　http://www.ptpress.com.cn
北京缤索印刷有限公司印刷

◆ 开本：690×970　1/16
印张：6.5　　2016 年 10 月第 1 版
字数：115 千字　　2016 年 10 月北京第 1 次印刷

定价：45.00 元

读者服务热线：(010)81055339　印装质量热线：(010)81055316
反盗版热线：(010)81055315
广告经营许可证：京东工商广字第 8052 号

创客教育丛书编委会

丛书顾问：杨晋　李大维

丛书主编：梁森山

丛书副主编：谢作如　毛澄洁　傅骞　管雪沨　肖文鹏　吴俊杰

丛书编委：（以姓氏笔画排序）

王建军　王镇山　毛勇　叶雨　叶琛　向金　刘党生　刘恩涛

刘斌立　李梦军　余翀　张路　陈小桥　陈振总　周茂华

郑剑春　梁志成　梁玮　袁明宏　程晨

本册主编：管雪沨 麦芽

本册副主编：韦国 蒋砾

本册编写组：常州市周家巷小学　龙高燕

常州市奔牛实验小学　徐丹

常州市雕庄中心小学　芮清

常州市清潭实验小学　庄永

常州市新闸中心小学　李庆华

常州市虹景小学　秦赛玉

故事及作品创作：麦芽

序

国务院总理李克强2015年1月28日主持召开国务院常务会议，确定支持发展“众创空间”的政策措施，为创业创新搭建新平台。随后国务院将“万众创新”“人人创新”当作鲜明主题来推动实施，力争让全社会形成创新驱动的强大力量。如今，这股创造风潮正在席卷中国，“创客空间、众创空间、创业咖啡、创新工厂，甚至科技媒体等，都是众创空间的具体表现形式。”

2015，创客火了，创客教育也跟着火了。

从北京、深圳、温州等地开始的这场“教育和创客的碰撞”已经风行全国。

毫无疑问，没有李克强总理推动“大众创业，万众创新”的“双创”政策，不可能有今天的创客教育。

目前创客空间在全国各地蓬勃开展，但随之也出现了一些不同声音，比如担忧发展过快，基础不牢等问题。回望中国改革开放的发展历程，每一次成功的改革都有一个共同的特点——发端于边缘，立足于民间，只要这次创客教育的热潮，能够扎根教师的教育教学实际，普及到学生的家庭当中，那么创客教育就一定是安全的。换言之，那么多的专家学者、一线教师、学生和学生家长以及产业界人士投身到创客教育当中来的同时，只要将创客教育落实到学生的家庭中，让每个家庭成为创客教育的最终落脚点，让创客的生活方式浸透到那些发自内心想成为创客的孩子身上，那么普及创客教育就一定是一件天大的善事，一件值得所有人为之付出的事业。

著名哲学家雅斯贝尔斯在他的《什么是教育》中写道：“教育的本质意味着：一棵树摇动一棵树，一朵云推动一朵云，一个灵魂唤醒一个灵魂。”

北京景山学校沙有威老师在谈到创客教育时说：“我认为创客教育是‘唤醒孩子创新意识的教育’。这里我没有用‘培养’而用‘唤醒’，其意义在于对孩子以往被禁锢的创新意识的唤醒，‘唤醒’也体现创客教育中教师的作用。”

向所有关注和支持创客教育的专家领导，

向无私为创客教育奉献的一线教师，

向伴着创客教育成长的教育从业者，

致敬！

前 言

有趣的魔盒

本书以Labplus（深圳盛思科教文化有限公司在MIT Scratch 2.0 基础上研发的一套针对8岁以上孩子学习的图形化编程软件）为载体，以“魔盒”为核心，通过“魔盒”与Labplus的互动编程，帮助学生掌握Scratch编程中“魔盒”模块的应用，认知相关硬件传感器，完成Scratch编程，从而利用“魔盒”控制动画以及完成游戏设计。本书引导孩子用自己的智慧和创意把虚拟世界中的事物连接到现实世界中来，激发孩子的创造力和想象力，培养孩子在实践中发现问题、解决问题的能力。

本书人物及背景介绍

Maker基地

这里是一座被遗忘的矿井，在地下100m之下。这里被作为Maker的神秘基地，给创客们提供了安静的场地。20m高的主矿顶是特别不错的飞行器实验场地，创客们还制造出大风、暴雨等恶劣天气，来检测飞行器的稳定性能。创客们在这里自由自在地制作各种他们想做的东西，和伙伴们交流知识技巧……

爷爷：麦地爷爷

Maker基地的所有者。小的时候因为被当作怪胎而离家出走，结果发现了一座被遗忘的矿井，并将其改造成了一座创客基地。

打招呼喜欢叫人“笨猪”，认为自己说的是纯正的法语发音，但是事实上他根本不会说法语。因为这个，好多刚认识他的朋友都觉得他是相当“粗鲁”的人。

年老而导致他经常忘记东西，忘记自己要说的话，脸上时常像小孩子一样挂着鼻涕，小事儿上一直都记不住，但是大事儿上从来不会掉链子。

妈妈：稻花妈妈

家庭主妇，美食家，是家里的粘合剂。每当家里乱成一锅粥的时候，她总是能对每个人进行耐心的开导。有一个小小的梦想，想让厨房制造出一些比较有创意的东西。学着和麦苗兄妹俩做创客，制造出各种省时省力的厨房用具，曾经做过一个自动炒菜锅，最后把青菜甩了一天花板。

哥哥：麦苗哥哥

擅长架子鼓。最讨厌他妹妹养的那只猫，因为那只猫会把元器件全部都弄丢、弄乱，甚至永远找不到了。麦苗经常怀疑那只猫是不是有吃电子元器件的异食癖。

麦苗喜欢拆东西，家里的东西几乎都被他拆过，又重新安装过。但是有一样东西是个意外——就是他妹妹的发条闹钟。麦苗在拆闹钟的时候不小心拧过了头，闹钟的发条被拧断了。因为这个事儿，兄妹俩的关系一直都不是很好。麦苗送给麦粒好多新的闹钟，但是都失败了。他制作的巴掌叫醒机器缠住了麦粒的长头发，还有拼图闹钟——麦苗设计了一款把拼图拼回到闹钟上才停止响声的闹钟送给麦粒，因为有一块拼图不知道飞到了哪里去，那个东西足足在家里叫了两整天，直到电池的电用光了。

其实麦苗一直想做一个好哥哥。

妹妹：麦粒妹妹

麦粒妹妹有一只叫汪汪的猫，她真的很爱她的小猫。当然她也热爱这世界上所有的小动物，善于观察动物，从动物那里，她学到了很多有趣的事儿。

麦粒就是不喜欢哥哥，她也不知道为什么。

目录

第1章 基地嘉年华

第2章 摩天轮转起来

第3章 神秘的莫尔斯码

第4章 保卫种植园

第5章 神奇的水杯

第6章 疏散演习

第1章 基地嘉年华

情境

麦粒和麦苗被爷爷邀请到Maker基地，参与基地建立50周年的庆祝活动。

任务

请你进入Maker基地，在爷爷的陪伴下参观游览Maker基地，并在小猫汪汪的陪同下畅游Maker基地，同时你还要完成以下任务。

（1）为嘉年华增加一些更好玩的游乐设施。

（2）为嘉年华新建一个大门，同时题写好园名。

（3）让汪汪跟随鼠标指针移动。

（4）让汪汪通过文本和语音两种方式致欢迎辞。

（5）认识魔盒Scratch Box，学会使用它的一些功能。

知识点

（1）初步了解Labplus的操作界面，熟悉常用的菜单和命令。

（2）学会新建背景和角色，并能够根据需要编辑背景和角色。

（3）用“外观”脚本模块中的命令使角色能够通过文本或者语言来表达。

（4）用“动作”脚本模块中的命令使角色动起来。

（5）初步了解Scratch Box的一些基本功能。

第1课 好大的嘉年华！

本领

（1）进入神奇的Maker基地。

（2）找到猫咪汪汪。

（3）为嘉年华增加一个游乐项目。

（4）为嘉年华大门题名。

知识

（1）舞台背景，可以使用 新建背景 中的4种方法来新建背景。

（2）新建角色，可以使用 新建角色: 中的4种方法来新建角色。

（3）调整角色的大小，可以使用 放大和缩小命令。

用多种方法分别新建一个背景和角色。

如何运用我们所学过的信息技术知识，围绕主题制作或者搜集整理相关素材。

学习

一、导入背景

（1）打开桌面→Labplus 。

（2）单击舞台→背景→从本地文件中上传Maker基地背景。

图1-1-1

图1-1-2

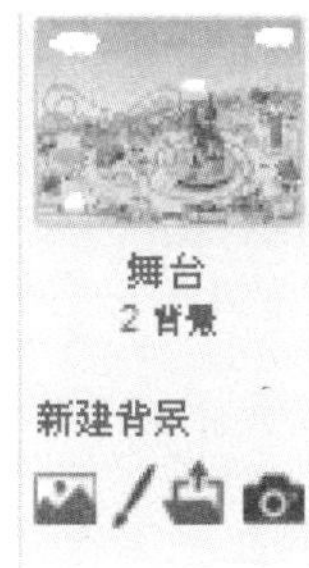

图1-1-3

小贴士：背景宽480单位，高360单位。背景区的中间是x、y坐标(0,0)点。将鼠标移动到场景区中的一点，背景区的右下角处能看到该点的坐标。导入的图片大小最佳尺寸为480像素×360像素。

二、导入角色

Maker基地好大，汪汪跑去哪里了呢？

（1）选择角色1，通过“放大”和“缩小”命令可调整角色的大小。

（2）帮麦粒妹妹完成心愿——建造“摩天轮”。

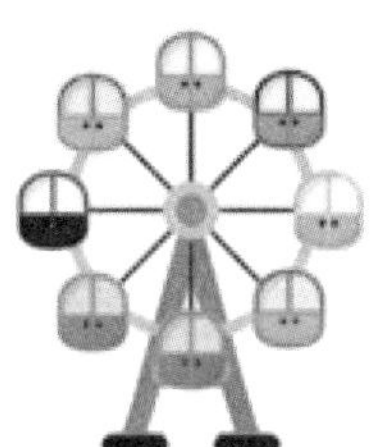

图1-1-4

小贴士：角色白色背景变为透明色的方法，选择填色工具——吸管工具，选择透明色 。

（3）新增角色——从文件夹 中导入新的角色（摩天轮）。

三、添加文字

为嘉年华新建一个出入口，并写上“嘉年华”3个字。

（1）导入角色3 。

图1-1-5

（2）在绘图编辑器中修改造型——文字“T”，选择合适的字体大小和颜色。

图1-1-6

（3）输入文字并保存。

图1-1-7

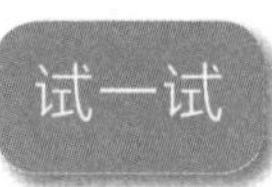

你还想给Maker嘉年华增加哪些游乐设施？快去试一试吧！

第2课 猫会说话吗？

本领

（1）让汪汪通过文本向小伙伴打招呼。

（2）让汪汪重新学会说话，通过语音向游客问好，并介绍相关游乐项目。

知识

（1）外观 外观脚本模块，包含“说……”“造型”“特效”等多种命令。

（2）声音 声音菜单，包含“从声音库中选取声音”“录制新声音”“从本地文件中上传声音”3种方式。

（3）▶ 播放按钮，■ 停止按钮，● 录音按钮。

（4）播放声音 meow 播放声音命令，可以播放你指定的声音文件。

（5）当 被点击 开始命令，单击后程序开始运行。

学习

一、教会汪汪用文字说话

汪汪不记得自己应该如何说话了，赶快教会它说话，和麦粒一起去招待小伙伴吧！

（1）选择“角色1”小猫——汪汪  。

（2）单击“外观”脚本模块。

图1-2-1

（3）编辑脚本，添加“说”命令。

图1-2-2

通过添加命令让汪汪更有趣吧！

（如一边说话，一边变幻颜色。）

二、教会汪汪发音

文字是表达语言的一种方式，但是最直接方式还是发声啊！快来教会汪汪发声吧！

（1）将录音话筒和计算机正确连接。

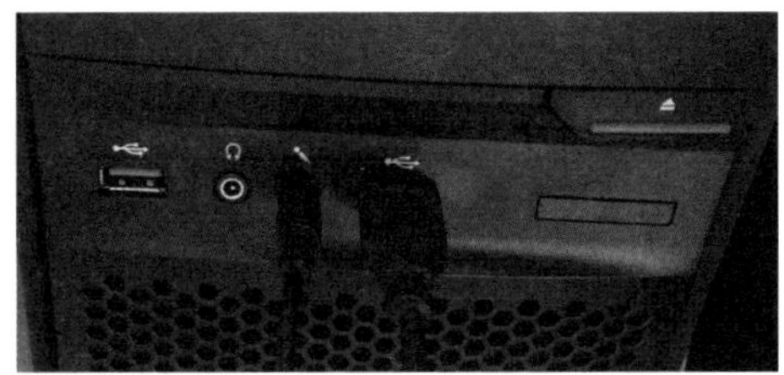

图1-2-3

（2）选择汪汪。

（3）选择声音命令模块。

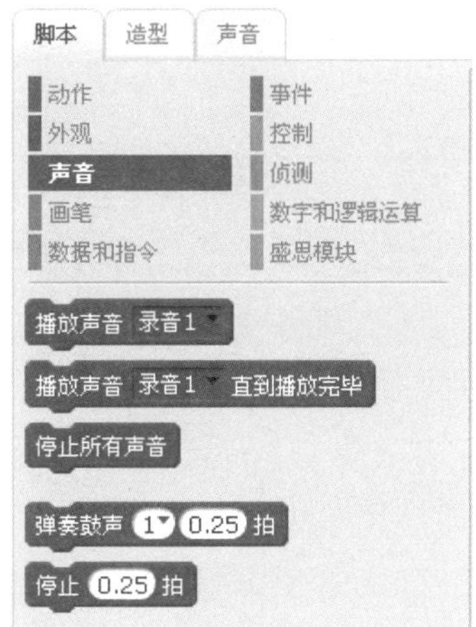

图1-2-4

（4）单击播放声音 meow脚本中的“record”命令。

图1-2-5

（5）进入声音控制界面，单击“录制新声音”。

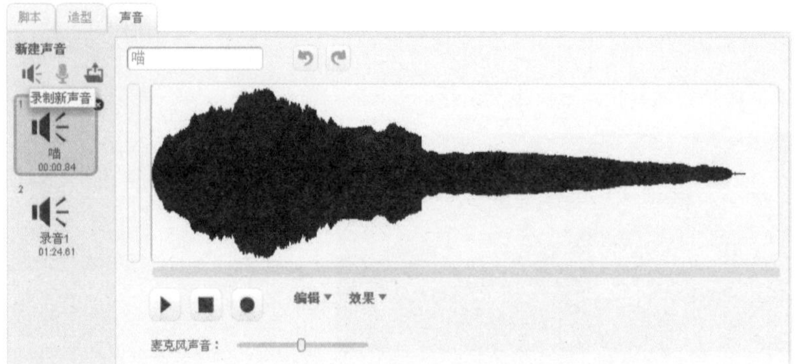

图1-2-6

（6）单击“录音”键 ● 。

（7）开始录制声音。

图1-2-7

（8）再次单击“录音键”，停止录音。

（9）使用“播放录音”命令 播放声音 meow ，播放录音。

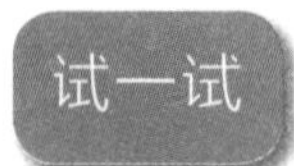

能帮我录制一段欢迎辞，并把它用到嘉年华中去么?

第3课 游览嘉年华

本领

（1）找到汪汪，并让汪汪走起来。

（2）让汪汪跟随着你的鼠标指针移动。

知识

认识下列脚本。

类别	命令	作用
动作	移到 x: 156 y: 164	移到命令，填入坐标值让角色快速到达指定位置
动作	移动 10 步	移动命令，让角色按照填入的步数移动
动作	面向	面向命令，让角色面向指定的方向或者角色等
控制	重复执行	重复执行命令，重复执行内部的命令
控制	如果 那么	条件命令，当符合某个条件时就执行内部的命令
数字与逻辑运算	< = >	判断命令，可以判断两个数值之间的大小关系

学习

一、带着汪汪逛嘉年华

（1）编辑脚本，找到汪汪。

图1-3-1

（2）使用动作脚本中的“移动”等命令，让汪汪动起来。

思考：如何让汪汪在嘉年华里沿着道路行走呢?

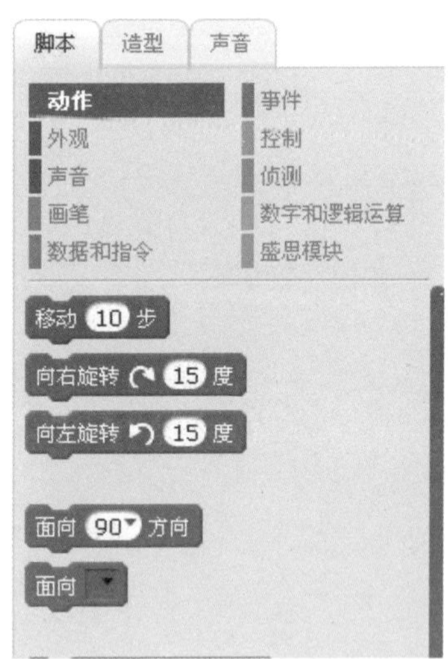

图1-3-2

（3）面向鼠标指针的方向移动。

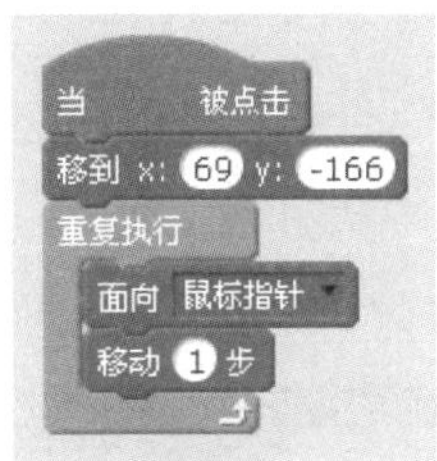

图1-3-3

（4）通过判断语句让汪汪在恰当的时候移动。

当 被点击
移到 x: -169 y: -24
重复执行
如果 到 鼠标指针 的距离 > 10 那么
面向 鼠标指针
移动 1 步

图1-3-4

二、做一只主动的导游喵

引言：能不能让汪汪主动走到游乐设施旁边，向小伙伴们介绍一下呢？以摩天轮为例，当汪汪走近摩天轮时，就开始向小伙伴们作介绍。

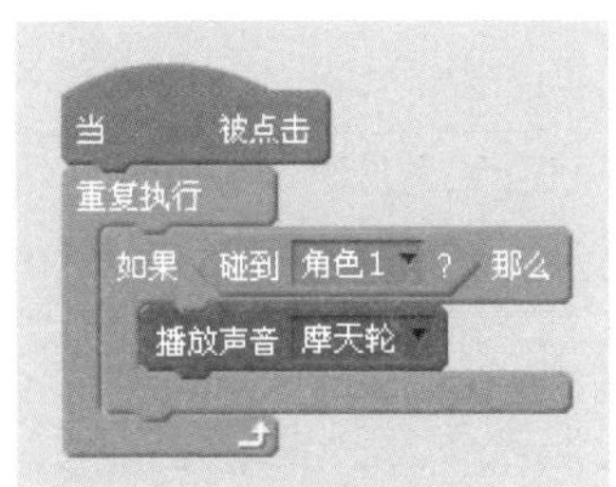

图1-3-5

也为你喜欢的游乐设施制作一段语音介绍吧。

第4课 捡到一个魔盒！

知识

认识下列传感器。

传感器	位置	功能
五向键传感器		包括“上”“下”“左”“右”和“确定”5个方向键
滑杆传感器		配合自带的长度刻度尺，滑动改变其阻值大小
光线传感器		感应光线强度
声音传感器		感应声音强度

学习

麦苗在Maker基地的一个矿洞里捡到了一个魔盒——Scratch　Box，它的功能可强大了，下面我们一起来认识一下这个魔盒。有了这个魔盒我们的Maker基地会更好玩。

一、认识Scratch Box主机

主机上分别有：光线传感器（1）、声音传感器（2）、LED指示灯（3）、按键传感器（4）和滑杆传感器（5）。

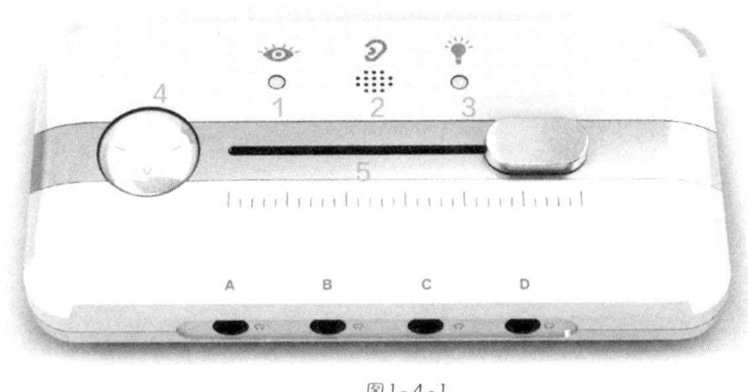

图1-4-1

小贴士：滑竿的值范围为1～100。

Scratch Box 主机上还有一些接口，它们有什么神奇的作用呢?

（1）4路阻性输入接口，可接入按键、光、声音等各种阻性传感器。

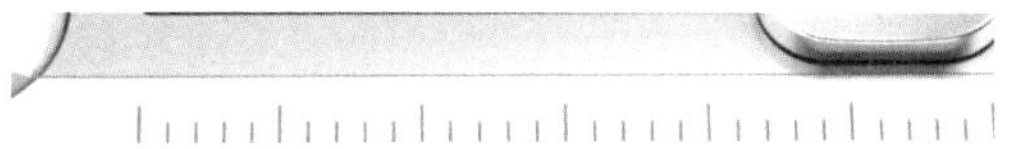

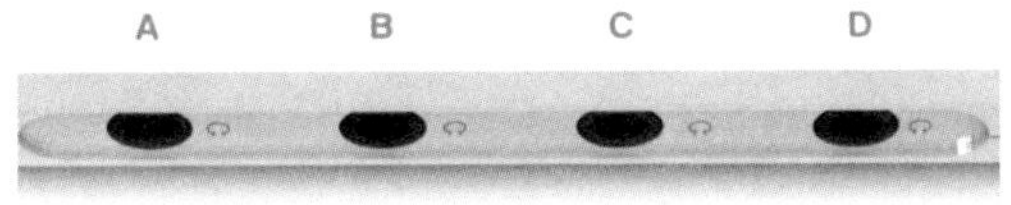

图1-4-2

（2）2路输出接口，可驱动专用电机（马达）、LED指示灯等设备。

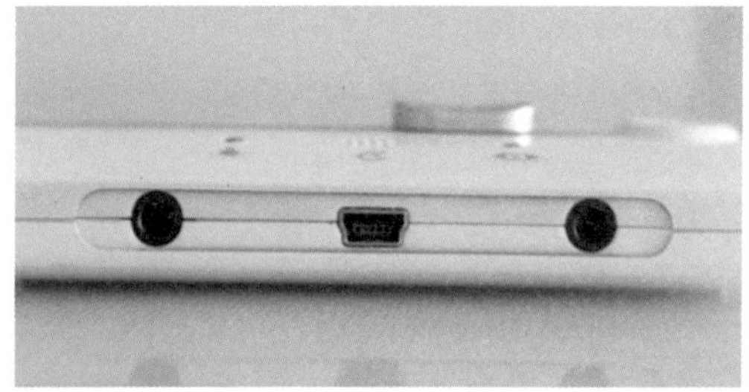

图1-4-3

二、连接Scratch Box和计算机

（1）将USB连接线分别插入Scratch Box和计算机。

图1-4-4

（2）选择合适的魔盒驱动程序（本书中采用魔盒2.0）。

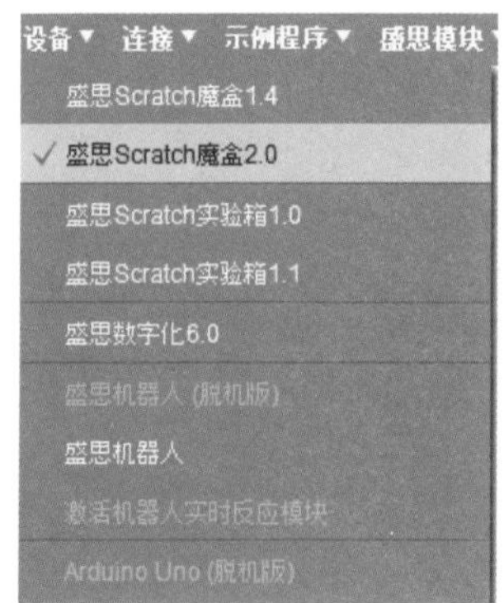

图1-4-5

（3）选择Labplus连接菜单中相应的端口，软件界面中就会出现显示传感器数值的监视器。

设备▼　连接▼　示例程序▼　盛思模块▼
✓ COM11

图1-4-6

滑杆	11.4
光线	31.3
声音	0
按钮	false
阻力-A	100
阻力-B	100
阻力-C	100
阻力-D	100

图1-4-7

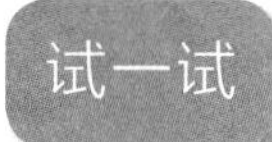

这个魔盒还有很多神奇的力量，赶快将你的魔盒连上计算机，感受一下它的魔力吧！

第2章 摩天轮转起来

情境

麦苗和麦粒找不到汪汪了，没有办法，他们只能自己想办法建造一座摩天轮。

任务

导入背景和角色，利用传感器滑杆控制摩天轮的转动速度。还可以利用传感器电机来带动外部设备旋转起来哦，赶快来试一试吧！

知识点

（1）“旋转”命令的使用。

（2）能导入角色和背景。

（3）认识滑杆、电机等传感器。

（4）了解传感器的连接和使用方法，学会读监视器数据。

第1课 场景和角色

本领

（1）导入摩天轮的角色，并选择一张合适的背景。

（2）认识“旋转”“重复执行”等一些基本命令。

（3）让摩天轮在舞台上转动起来。

知识

认识以下命令。

模块	命令	功能
控制模块	当 被点击	当绿旗被单击的时候，开始执行脚本
动作模块	向右旋转 ↻ 15 度	角色向右旋转，度数可以调整
动作模块	向左旋转 ↺ 15 度	角色向左旋转，度数可以调整
控制模块	重复执行	重复执行脚本，直到程序结束
控制模块	重复执行 10 次	重复执行脚本10次，重复的次数可以调整
控制模块	重复执行直到	重复执行脚本，直到条件满足为真时结束

使摩天轮转动起来，要使用哪些命令？

学习

一、导入背景及角色

导入素材库中的摩天轮支架和轮子的角色，并导入一张你自已喜欢的背景图片。

图2-1-1

二、设置旋转中心

使用 中的 ，使摩天轮绕中心位置旋转。

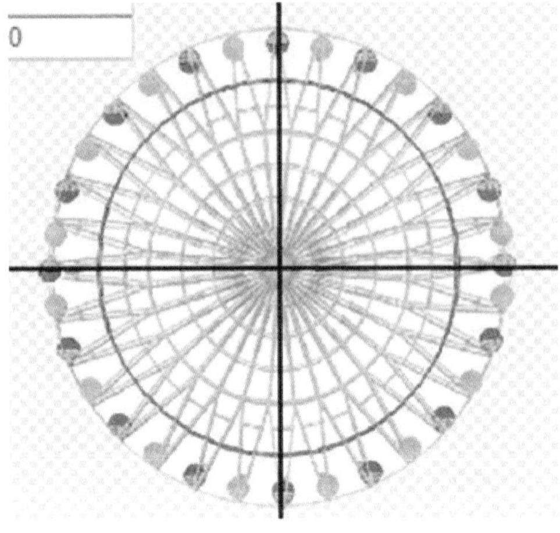

图2-1-2

想一想

除了使用素材库中提供的素材，你还会使用哪些方法新建角色?

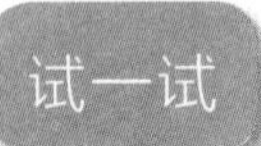

你知道如何控制摩天轮旋转速度的快慢吗?

三、编写脚本

图2-1-3

第2课 摩天轮转起来（一）

本领

（1）认识传感器中的滑杆功能。

（2）了解盛思模块。

（3）认识数字与逻辑模块中的部分功能。

（4）会使用传感器滑杆控制角色运动。

知识

一、认识滑杆传感器

滑杆传感器的值范围是（0，100），滑动滑杆可改变值的大小。

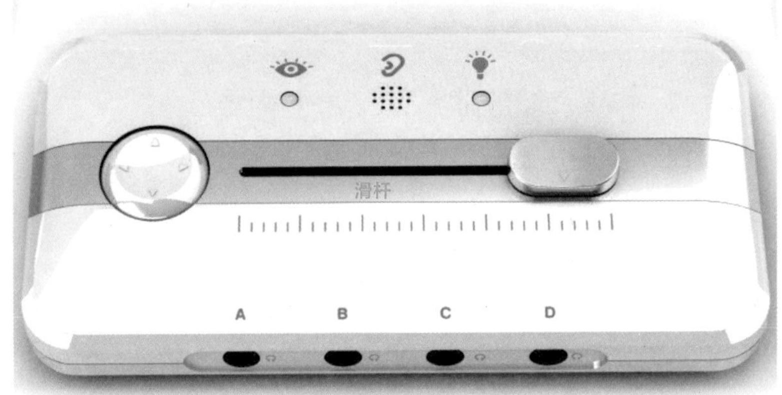

图2-2-1

二、了解盛思模块

盛思模块里面有各种传感器的命令，包括控制输出、电机所处状态及输入、其他传感器的值的监测。

数据和指令　盛思模块
打开马达1 1 秒
打开马达1
关闭马达1
将马达1能量设定为 255
马达1方向 顺时针
打开马达2 1 秒
打开马达2
关闭马达2
将马达2能量设定为 255
马达2方向 顺时针
滑杆 传感器的测量值
传感器 按下按钮
映射 滑杆 值从 0 , 100 到 0 , 10
滑杆 传感器的映射值

图2-2-2

三、了解数字与逻辑运算模块

数字与逻辑运算模块是判断逻辑关系的模块，包括加减运算、比较大小关系等。一般此模块的脚本不能单独使用，而是嵌在其他的脚本块中。脚本中的圆形或者方形里面可以填充数字或者不等式。

图2-2-3

学习

一、读取传感器数据

（1）连接Scratch主机和电脑，此时Labplus窗口界面上仍然显示“断开连接”，如图2-2-4所示。

图2-2-4

（2）单击“连接”菜单中的COM11选项，如图2-2-5所示。

图2-2-5

（3）硬件连接好后，Scratch窗口界面上显示“COM6已连接”，如图2-2-6所示。

图2-2-6

（4）出现监视器，可以读到当前各传感器的数据，此时，滑杆传感器的值是0，如图2-2-7所示。

滑杆	0
光线	37.4
声音	0
按钮	false
阻力-A	100
阻力-B	100
阻力-C	100
阻力-D	100

图2-2-7

二、编写脚本

利用滑杆传感器控制摩天轮的旋转，如图2-2-8所示。

图2-2-8

想让滑杆控制摩天轮轮子的旋转范围由（0，100）调整为（0，360），实现全面控制，传感器与舞台上旋转的值应该怎样转化呢？

第3课 摩天轮转起来（二）

本领

（1）了解传感器中的电机功能。

（2）会使用传感器电机控制外部设备旋转。

知识

认识电机

（1）本课使用的电机是直流小电机，可以控制电机的开关方向及速度，如图2-3-1所示。

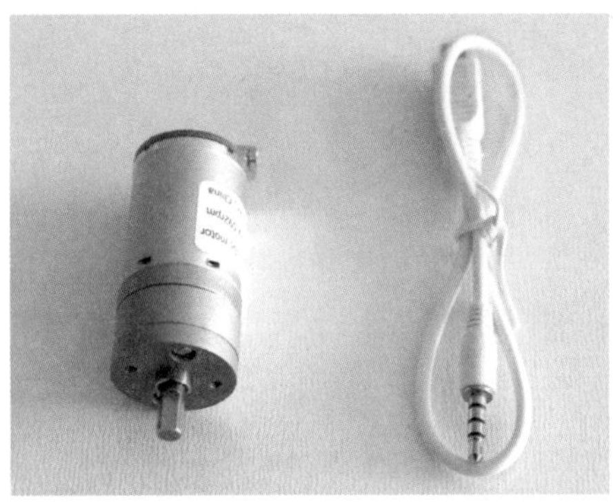

图2-3-1

（2）连接电机

将电机利用数据线与Scratch Box相连接，接在输出接口，如图2-3-2所示。

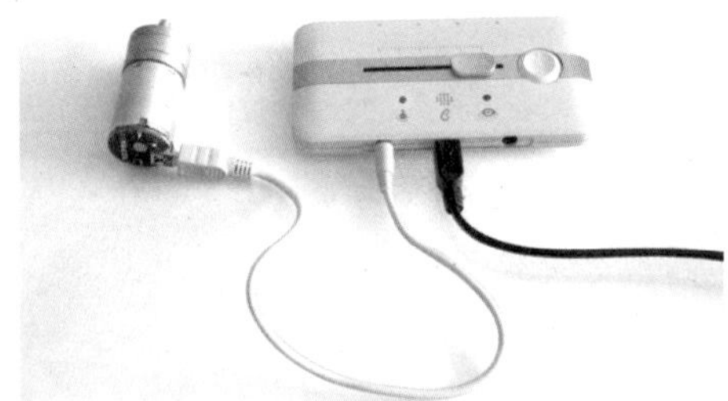

图2-3-2

（3）认识电机的相关命令

模块	命令	功能
盛思模块	打开马达1 1 秒	电机（程序中，电机均表示为“马达”）打开时间为1s，时间的长短可以调整
盛思模块	打开马达1	电机打开
盛思模块	关闭马达1	电机关闭
盛思模块	将马达1的能量设定为 255	电机的能量值控制电机的旋转速度，能量值可以调整
盛思模块	马达1方向 顺时针	电机旋转方向为顺时针，方向可以选择

学习

一、导入角色开、关按钮

开、关按钮如图2-3-3所示。

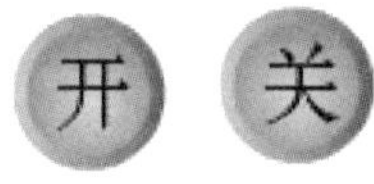

图2-3-3

二、编写脚本

单击开关，广播消息，控制电机旋转。

（1）编写角色“开”的脚本，单击角色“开”的时候，广播开始的消息，如图2-3-4所示。

图2-3-4

（2）编写角色“关”的脚本，单击角色“关”的时候，广播关闭的消息，如图2-3-5所示。

图2-3-5

（3）编写角色“轮子”的脚本，接收到开始的消息就打开电机，接收到关闭的消息就关闭电机，如图2-3-6所示。

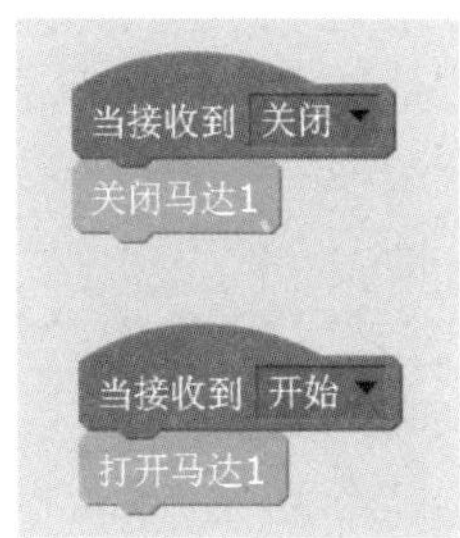

图2-3-6

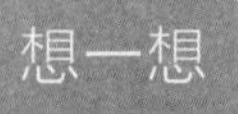

除了用传感器滑杆、电机以外，你还可以利用传感器的哪些功能让摩天轮转起来?

在这一章中你学到了什么本领？赶快写下来吧！

第3章

神秘的莫尔斯码

情境

最近，麦苗和麦粒又发现了一些好玩的东西——莫尔斯码，并且想出了一些捉弄人的坏点子。想知道是什么坏点子吗?

任务

（1）会使用莫尔斯码编写简单的密码。

（2）利用Labplus编写一个简单的编码器。

（3）能破译密码。

知识点

（1）了解莫尔斯码的编码规则。

（2）会使用传感器的滑杆进行操作。

（3）新建变量，了解变量的使用方法。

（4）新建链表，掌握链表的使用方法。

（5）新建子函数，并调用子函数。

第1课 了解莫尔斯码

本领

（1）利用互联网搜索相关的资料。

（2）了解莫尔斯码。

知识

什么是莫尔斯码

莫尔斯码（Morse code），是一种时通时断的信号代码，通过不同的排列顺序来表达不同的英文字母、数字和标点符号。它由两种基本信号和不同的间隔时间组成：短促的点信号“·”，读“嘀”（Di）；保持一定时间的长信号“-”，读“嗒”（Da），如图3-1-1所示。

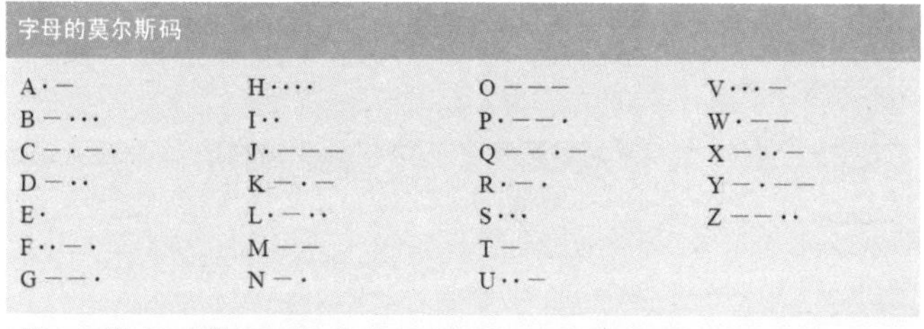

字母的莫尔斯码

A·—	H····	O———	V···—
B—···	I··	P·——·	W·——
C—·—·	J·———	Q——·—	X—··—
D—··	K—·—	R·—·	Y—·——
E·	L·—··	S···	Z——··
F··—·	M——	T—	
G——·	N—·	U··—	

注：·＝嘀，—＝嗒

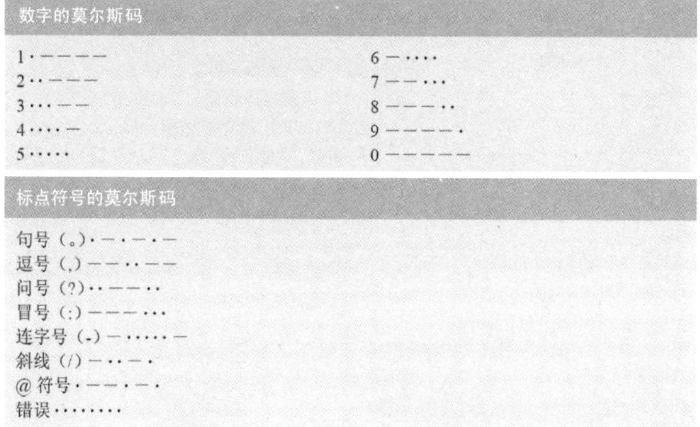

数字的莫尔斯码

1·————	6—····
2··———	7——···
3···——	8———··
4····—	9————·
5·····	0—————

标点符号的莫尔斯码

句号（。）·—·—·—
逗号（,）——··——
问号（?）··——··
冒号（:）———···
连字号（-）—····—
斜线（/）—··—·
@符号·——·—·
错误········

图3-1-1

我能将自己的姓名用莫尔斯码加密，你能吗?

学习

建立密码本

（1）单击数据和指令中的 新建链表 ，新建一个链表，并命名为“mmb”，即为密码本的缩写，如图3-1-2和图3-1-3所示。

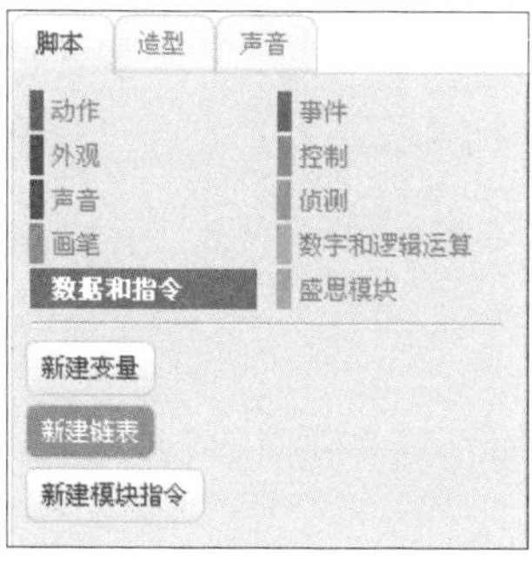

图3-1-2

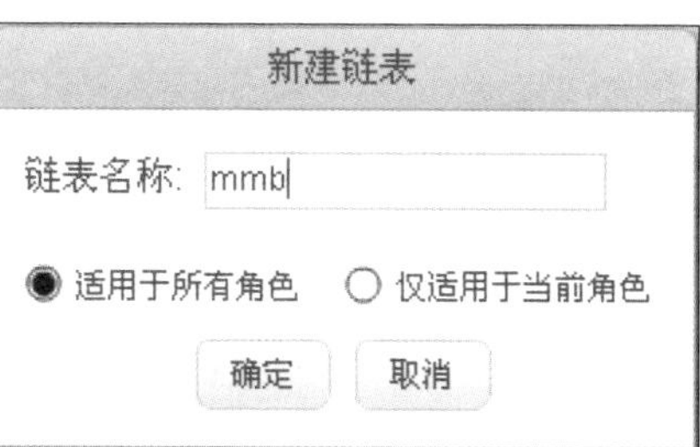

图3-1-3

（2）建立mmb链表后，脚本区会出现关于链表的命令，舞台上显示mmb的链表，如图3-1-4所示。

图3-1-4

（3）在计算机中用“0”表示短，“1”表示长，参照莫尔斯码表（见图3-1-1），将密码规则输入链表中，如图3-1-5所示。

图3-1-5

（4）在莫尔斯码中，每5位编码可以代表一个数字，新建一个链表m记录每次输入的值，如图3-1-6和3-1-7所示。

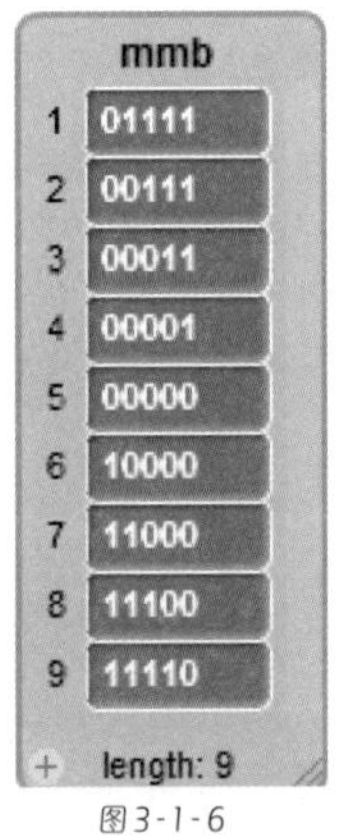

图3-1-6

图3-1-7

怎么用魔盒模拟发报机来输入莫尔斯码？

第2课　走进密码屋

本领

（1）变量的使用。

（2）链表的使用。

（3）子函数的使用。

学习

建立密码编码记录表

1. 新建变量

（1）单击数据和指令中的“新建一个变量”，并命名为“a”，如图3-2-1和图3-2-2所示。

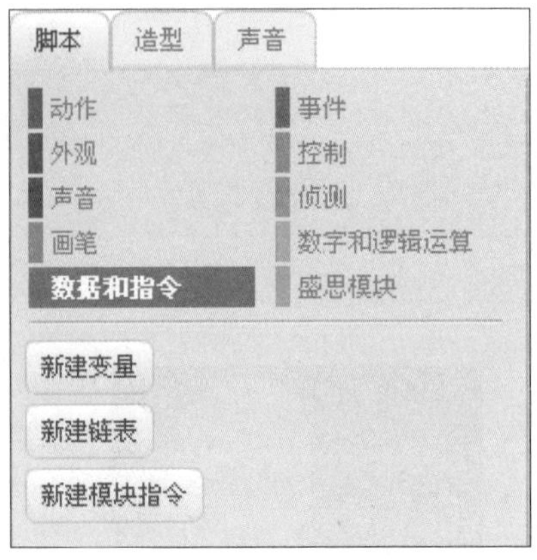

图3-2-1

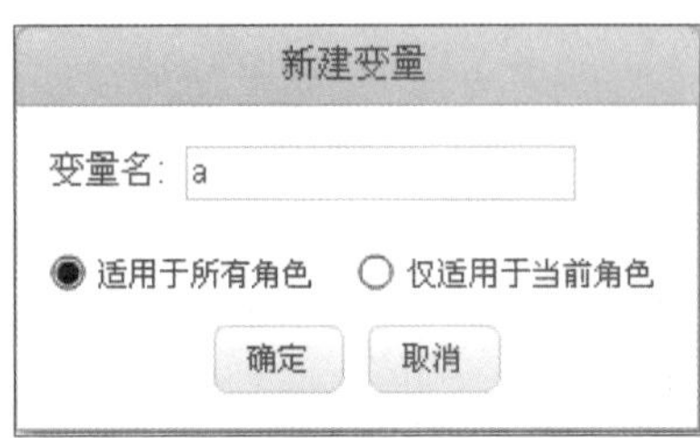

图3-2-2

（2）新建2个变量*a*、*b*。变量*a*记录传感器滑杆的值，作为输入的信号；变量*b*识别变量*a*的信号，转化为编码。

在变量名称前面打上勾，变量将显示在舞台上，如图3-2-3所示。

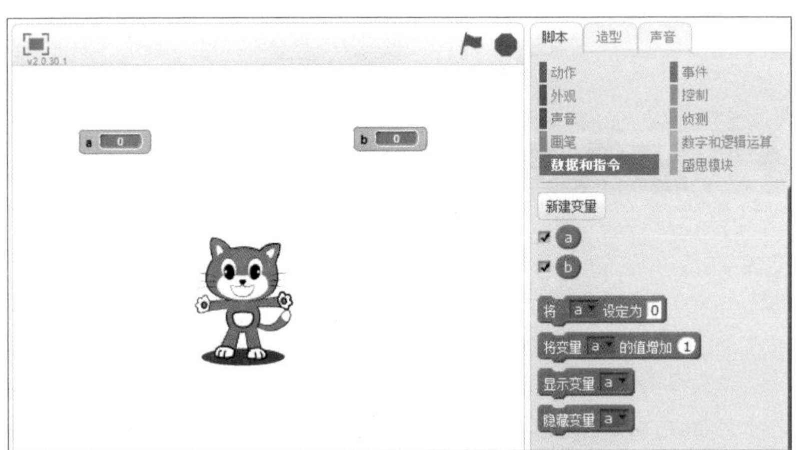

图3-2-3

2. 记录滑杆传感器的值

滑动滑杆一次，表示输入密码一位，滑杆从0的位置滑动到一定的位置，变量*a*记录出滑杆滑出的最大值。记录下滑杆传感器的值即为记录一位密码，如图3-2-4所示。

将 a 设定为 0
重复执行直到 a > 0 且 滑杆 传感器的测量值 = 0
如果 滑杆 传感器的测量值 > a 那么
将 a 设定为 滑杆 传感器的测量值

图3-2-4

Labplus软件如何侦测到滑杆一次滑动呢?

3. 转化为密码

为了减少程序的复杂性，定义一个子函数用来将滑杆传感器的值转化为密码。

（1）单击数据和指令中的 新建模块指令 ，新建一个命令，并命名为“p”（密码的英文），如图3-2-5和图3-2-6所示。

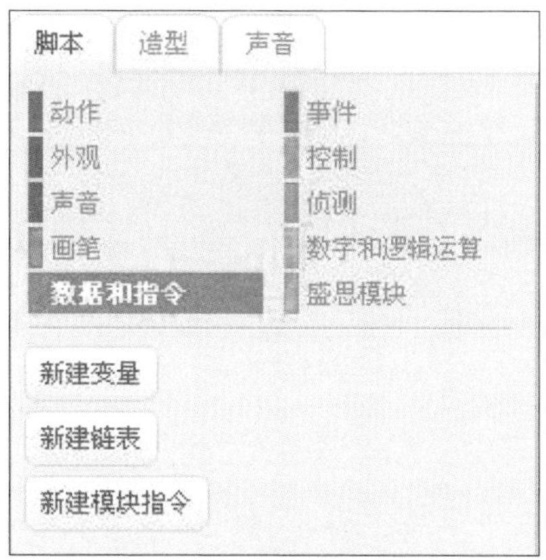

图3-2-5

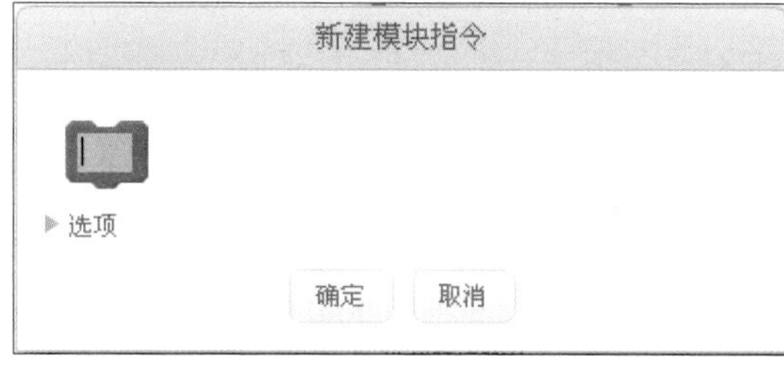

图3-2-6

（2）建立p命令后，脚本区会出现命令，编辑区出现p的启动命令，如图3-2-7所示。

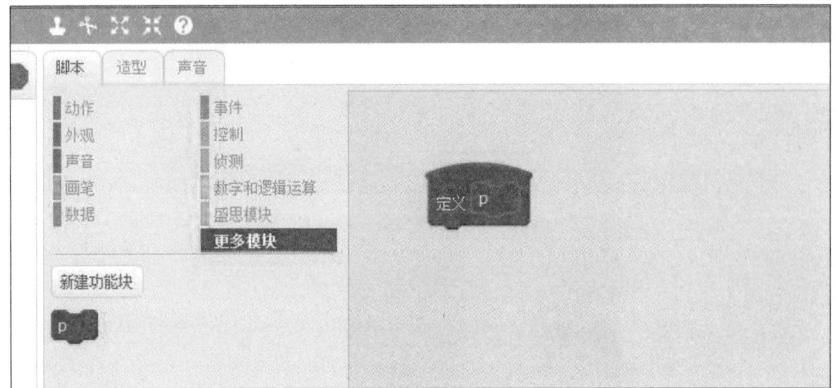

图3-2-7

（3）编写脚本，如果*a*的值>50，就将*b*值设定为“1”，表示“长”；如果*a*的值<50，就将*b*的值设定为“0”，表示“短”，如图3-2-8所示。

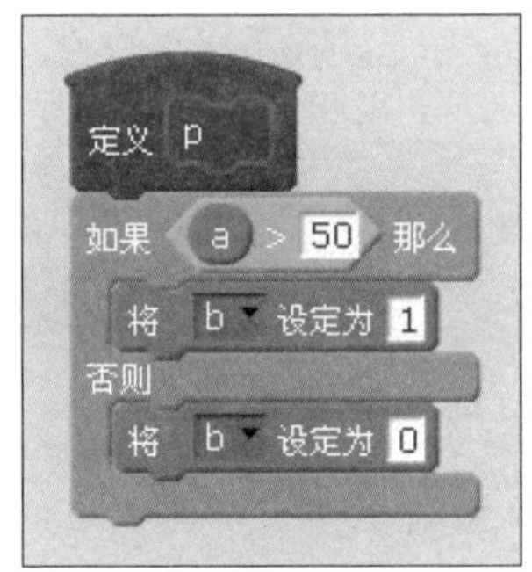

图3-2-8

第3课 破译密码

本领

（1）对照密码本进行破译。

（2）学习链表的清空。

学习

一、将b的值写入到链表中

将b的值写入到相应的链表位置中，如图3-3-1所示。

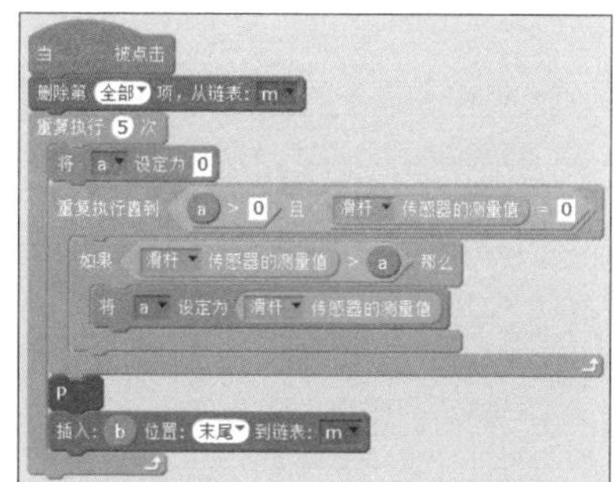

图3-3-1

二、破译密码

滑动5次为一组，将得出的一组莫尔斯码与莫尔斯码表进行对照，得出相应的数字。如“01111”对应数字“1”。此时已经完成了第一位的密码破译，如图3-3-2所示。

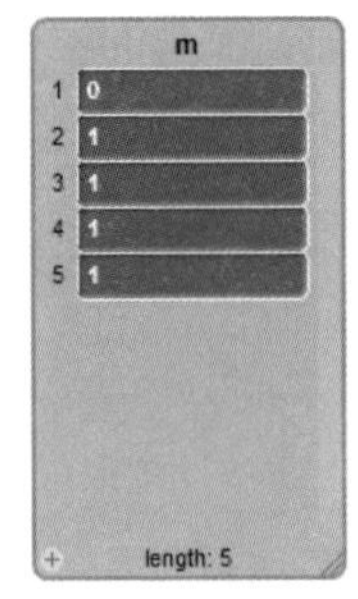

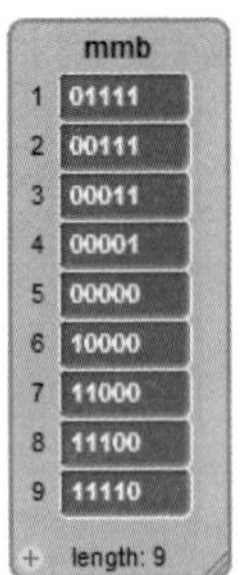

图3-3-2

三、链表清空

破译出了第一个密码后，继续滑动滑杆，编译出第二个密码。因此，程序执行之前先要将密码记录表清空，如图3-3-3所示。

图3-3-3

赶快试着编写其他密码吧！

在这章中，你学会了什么本领呢？赶快记录下来吧！

读一读

1. 数据加密与解密

加密Incode：对明文（可读懂的信息）进行翻译，使用不同的算法对明文以代码形式（密码）实施加密。该过程的逆过程称为解密（Descode），即将该编码信息转化为明文的过程。

2. 莫尔斯码的应用

莫尔斯码编码简单清晰，二义性小，编码主要是由两个字符表示："." 和 "-"，一长一短，其应用比较广泛，比如发送求救信号。电影《风声》中就是采用在衣服上缝出莫尔斯码，将消息传播出去的。动漫《名侦探柯南》中《推理对决，新一VS冲矢昂》（TV511集）就采用了这种方法。

在利用莫尔斯码灯光求救的时候，定义灯光长亮为 "-"，灯光短亮为 "·"，那么就可以通过手电筒的开关来发送各种信息，例如求救信息。

如果灯光是按照"短亮、暗、短亮、暗、短亮、暗，长亮、暗、长亮、暗、长亮、暗，短亮、暗、短亮、暗、短亮"这个规律来显示的话，那么它就意味是求救信号SOS。

因为SOS的莫尔斯码为：· · · － － － · · ·，按照上面的规定即可进行灯光编码。这个编码其实非常简单，三短、三长、三短。

除了灯光之外，利用声音（两种区别的声音）也可以发出求救信号。这种求救方式是我们应该了解的，在必要的时候也许就可以派上用场。

看了以上的应用，你是否对莫尔斯码有了一定的了解呢？如果还有什么不明白的，你也可以借助网络来学习哦！

第4章 保卫种植园

情境

麦苗一家搬到了种植园暂住，发现种植园里突现害虫。害虫们非常狡猾，白天隐藏于无形，黑夜成群出动；它们繁殖能力很强，行动迅速，大有攻占种植园的趋势。种植园里险象环生，小勇士们，赶快加入保卫战吧！

任务

两人一组，设计一款拍害虫的游戏。害虫在白天隐匿，黑夜出没。由于我们作战大多在白天，所以同学甲需要利用光线传感器模拟黑夜，引诱害虫出现；当害虫出现以后，同学乙用鼠标控制拍子，单击鼠标拍打，消灭害虫。如果在规定时间内能够消灭足够的害虫，则保卫种植园成功，否则害虫将占领种植园。

知识点

（1）让害虫在舞台上随机出现。

（2）用光敏传感器控制害虫的出没。

（3）用鼠标控制拍子拍打害虫。

（4）使用变量进行角色数量统计。

第1课 消灭害虫

情境

麦苗发现害虫能在种植园随机出现，像变魔法一样，他得赶快采取行动，保卫种植园！

本领

（1）害虫在舞台上随机出现。

（2）拍子跟随鼠标移动。

知识

一、角色与动作

角色	动作
害虫	在舞台上随机出现
拍子	跟随鼠标移动

二、害虫出现的设计思路

让害虫随机出现在舞台上的相关指令。

模块	命令	功能
动作	移到 x: 156 y: 164	移动角色到舞台指定位置
控制	等待 1 秒	等待指定的时间后，继续后面的脚本
数字和逻辑运算	在 1 到 10 间随机选一个数	产生一个指定区间的随机数
外观	显示	在舞台上显示该角色
外观	隐藏	在舞台上隐藏该角色

练一练

把角色移动到x坐标0，y坐标0的位置。

试一试

把角色移动到x坐标1～10，y坐标1～10的随机位置。

（1）怎样等待随机的一小段时间（如：等待3~5s的随机时间）？

（2）把角色移动到舞台的随机位置，x坐标和y坐标的区间分别应该怎么取?

学习

一、导入背景

从背景素材中导入种植园背景图，如图4-1-1所示。

图4-1-1

二、创建角色

这个游戏中，需要两类角色：拍子和害虫。

1. 创建拍子角色

使用 新建角色: 中的“绘制新角色”，绘制一个拍子，如图4-1-2所示。

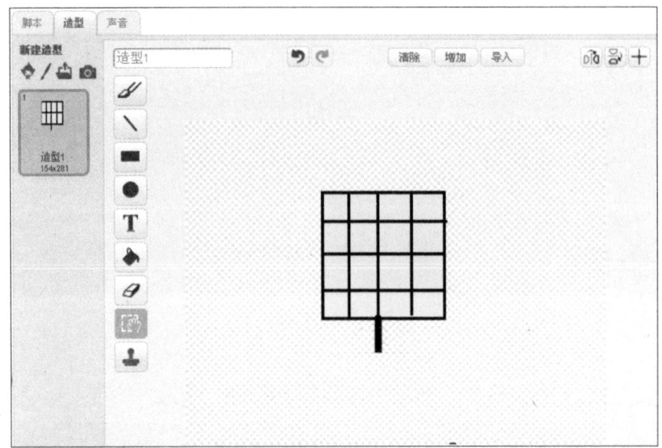

图4-1-2

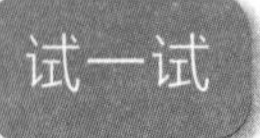

你还能想到其他设计方法吗?

2. 创建害虫角色

导入角色库的害虫角色，如图4-1-3所示。

图4-1-3

三、编辑角色的脚本

1. 设计拍子的脚本

拍子是用鼠标控制的，拍子跟随鼠标移动，如图4-1-4所示。

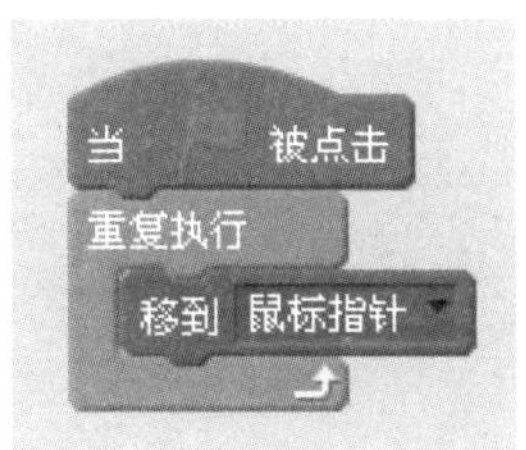

图4-1-4

2. 编辑害虫的脚本

（1）游戏开始时，初始化害虫——先隐藏，移到舞台随机位置之后再显示，如图4-1-5所示。

图4-1-5

小贴士：导入xy-grid背景之后，可以看到舞台边界的坐标。舞台x的坐标（左右边界）范围是-240～240，y坐标（上下边界）的范围是-180～180，如图4-1-6所示。

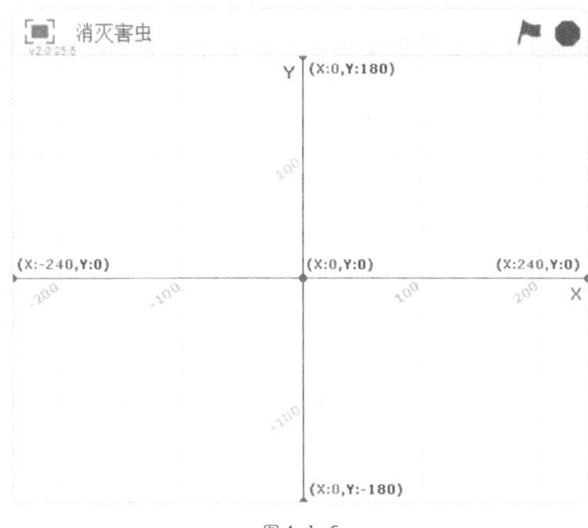

图4-1-6

（2）害虫始终在舞台上不停地爬行，才能减少被打中的概率，如图4-1-7所示。

图4-1-7

（3）你能让舞台上随机出现更多的害虫吗？试试复制这只害虫吧！

修改什么数据可以改变害虫爬行的速度？

来到种植园，我们发现这里有许多神出鬼没的害虫，你有没有发现它们的玄机？赶快记录下来吧！

第2课 害虫进化——感光

情境

天亮了，害虫一下子不见了，这是怎么回事？麦苗在种植园守了一天，晚上，随着一声异响害虫倾巢而出，原来害虫已经进化啦！

本领

（1）害虫进化啦，它们在容易被发现的白天躲起来，只在黑夜才出来活动。

（2）通过切换背景表示白天和黑夜。

（3）单击鼠标表示拍打。

知识

一、角色与动作

角色	动作
害虫	光线较暗时在舞台上随机出现 光线较强时隐藏 被拍打时切换造型
拍子	始终在害虫上层

二、光线传感器

1. 比较3种不同的光线传感器

名称	传感器	位置	功能
光线传感器		内置	感应光线强度，光线强度值是0~100
光线传感器		外接	可感应较强的光线亮度，如日光。光线强度值是0~100
灵敏光线传感器		外接	可感应较弱的光线亮度，如电脑屏幕光。光线强度值是0~100

2. 连接外接光线传感器

用Scratch 传感器接口线连接，一端接阻性输入接口（A、B、C、D），一端接传感器，如图4-2-1所示。

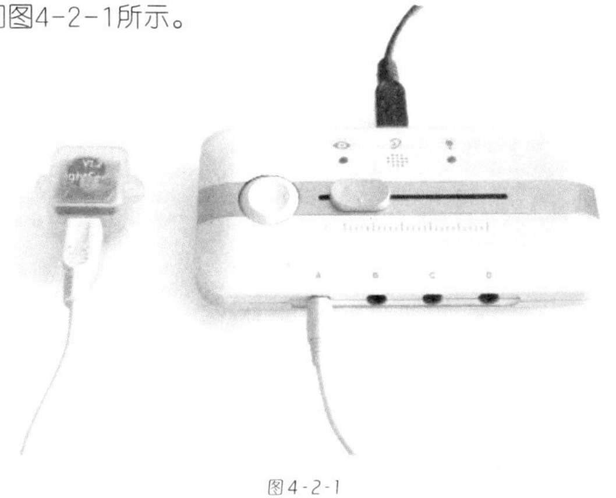

图4-2-1

三、害虫被拍到的设计思路

模块	命令	功能
控制	如果 那么	如果条件为真，那么执行完模块内部的脚本后再执行后面的模块
侦测	碰到 ?	如果当前角色碰到指定角色（如：拍子），返回真
侦测	鼠标键被按下了吗？	如果鼠标是按下的，返回真，否则返回假

我想设置这样的程序，当前角色如果碰到另一个角色，那么当前角色就消失了。你会做吗?

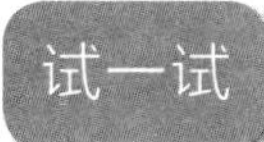

当前角色如果在按下鼠标键时碰到另一个角色，那么当前角色消失。

当前角色如果在按下鼠标键时碰到另一个角色，那么当前角色消失，过一段时间后能再出现吗？

四、拍子覆盖害虫的设计思路

模块	命令	功能
外观	移至最上层	移动角色到其他角色的最上层

学习

一、感光进化

（1）连接Scratch Box主机和电脑，读监视器数据。“光线”一栏数值表示Scratch Box主机内置的光线传感器的值。当传感器被遮挡时，读得光线传感器的值为3.5，如图4-2-2所示。

滑杆	0
光线	3.5
声音	0
按钮	false
阻力-A	1.9
阻力-B	100
阻力-C	100
阻力-D	100

图4-2-2

小贴士：监视器中阻力-A、阻力-B、阻力-C、阻力-D表示接入的外部传感器的值。

（2）判断害虫出没的条件：害虫喜欢黑夜，在夜晚出现。如果光线值>3.5，则表示白天，害虫隐藏；否则表示黑夜，害虫出现，如图4-2-3所示。

图4-2-3

小贴士：光线强度会受到天气、光源方向和位置等因素的影响，所以你的光线传感器感应到的值可能和例子中的不一样（即光线值不是3.5），请根据实际情况确定。

根据害虫的触摸，你能使用“如果……否则……”命令来控制屏幕上舞台昼夜的变化吗?

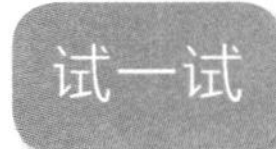

你能用外部光线传感器来控制害虫的出没吗?

使用外部光线传感器时，表示白天和黑夜的数据和Scratch Box主机内置的光线传感器有什么不同?

二、拍到害虫

1. 设计拍子的脚本

拍虫的时候拍子应该在上层，害虫在下层， 使用 移至最上层 让拍子覆盖害虫。

每次拍虫的时候，拍子应始终在图层的最上层，该如何实现呢?

2. 设计害虫被拍到的造型

设计害虫被拍到时的造型。单击 新建造型 中的“绘制新造型”，在绘图编辑器中用画笔工具绘制被拍到时的害虫造型，如图4-2-4所示。

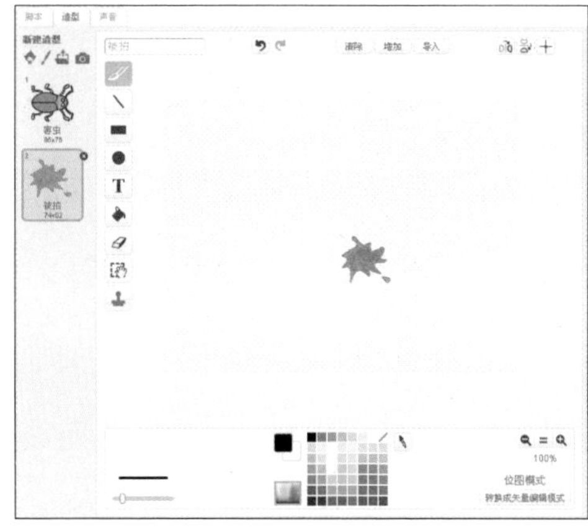

图4-2-4

3. 设计害虫被拍到的脚本

（1）判断害虫是否被拍到。害虫要被拍子打到才算被消灭，这要同时满足两个条件：一是碰到拍子，二是有拍打的动作，如图4-2-5和图4-2-6所示。

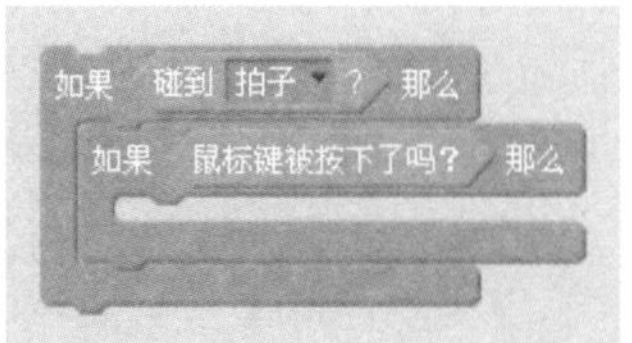

图4-2-5

小贴士：当出现多个判断条件时，可以使用“如果”语句嵌套，也可以使用“且”连接多个条件。

图4-2-6

（2）当害虫被拍到后，将害虫切换到“被拍”造型，然后隐藏，表示害虫被消灭，如图4-2-7所示。

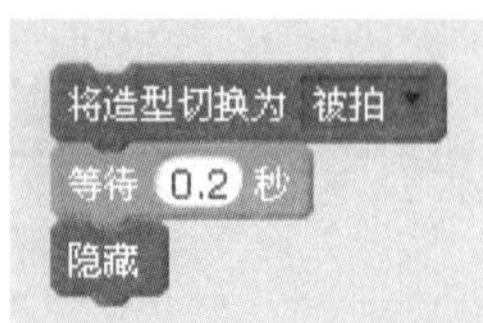

图4-2-7

（3）第二只害虫出现，将害虫切换到“害虫”造型，恢复原貌，并再次移动到随机位置，等待随机的一段时间，“第二只”害虫出现，如图4-2-8所示。

将造型切换为 害虫
移到 x: 在 -240 到 240 间随机选一个数 y: 在 -180 到 180 间随机选一个数
等待 在 1 到 3 间随机选一个数 秒
显示

图4-2-8

害虫进化了，我们需要两个小伙伴合作才能消灭害虫，你有哪些经验要分享，写进你的日志吧！

第3课　设计游戏结束

情境

种植园保卫战彻底打响啦！全家总动员，赶快加入保卫战吧！

本领

（1）用变量统计拍到的害虫数量。

（2）计时器记录拍害虫的时间，规定时间内拍到指定数量的害虫表示胜利，否则失败。

（3）设计游戏成功和游戏失败的背景。

知识

变量计数

模块	命令	功能
数据和指令	将 变量▼ 设定为 0	将指定的变量值设定为指定的值（点击▼可以选择）。
数据和指令	将变量 变量▼ 的值增加 1	将指定的变量值增加指定的值。

学习

一、统计消灭害虫的数量

为了知道消灭了多少只害虫，游戏需要一个计数器。计数器可以通过设定变量来实现。

1. 创建变量

在数据和指令模块中，选择 新建变量 ，新建一个变量，并命名为“已消灭的害虫数量”，此变量为全局变量，即适用于所有角色，如图4-3-1所示。

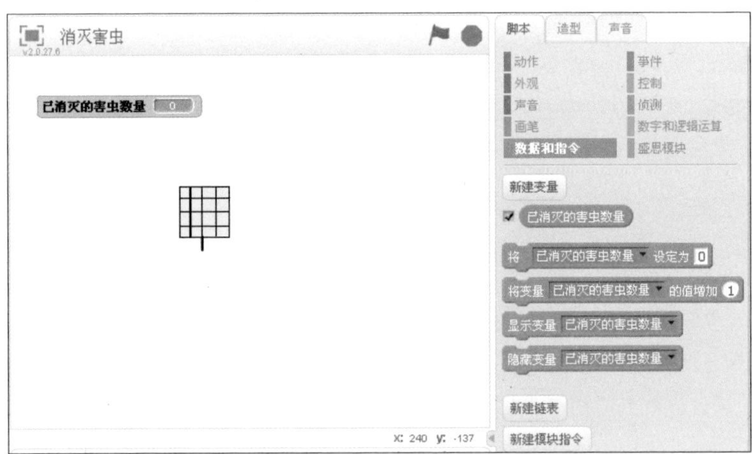

图4-3-1

2．搭建计数脚本

（1）初始化变量，当游戏开始时，还没消灭害虫，将“已消灭的害虫数量”设定为0，如图4-3-2所示。

图4-3-2

（2）如果害虫被拍到，“已消灭的害虫数量”增加1，如图4-3-3所示。

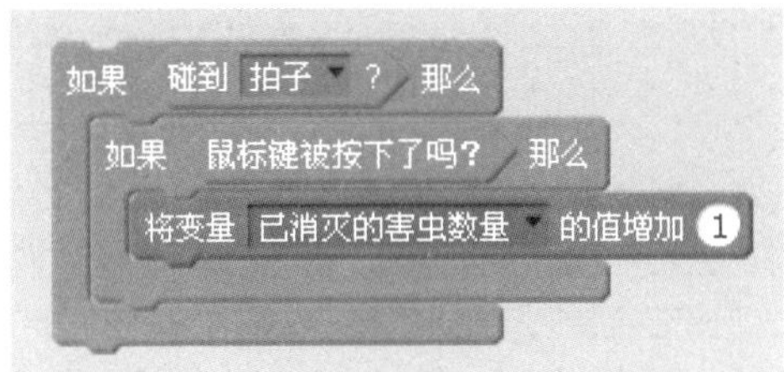

图4-3-3

（3）如果“已消灭的害虫数量”达到一定的值（如10），表示害虫都被消灭了，如图4-3-4所示。

图4-3-4

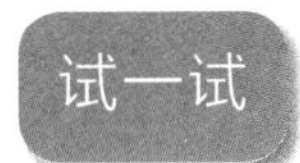

敢不敢挑战更多害虫的攻击？那就复制更多的害虫吧，鼠标右键单击害虫角色，选择复制即可，如图4-3-5所示。

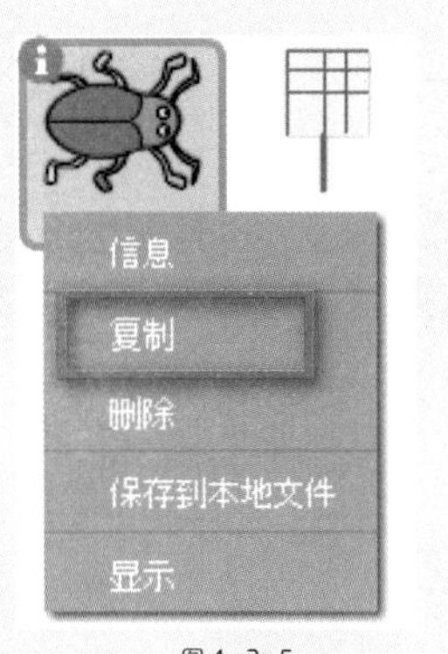

图4-3-5

二、设计游戏结束状态

在一定的时间内，消灭一定数量的害虫，如20s内消灭10只害虫，则保卫成功；否则保卫失败，停止游戏。

设置计时器

（1）从侦测模块中选择“计时器”命令的复选框，让它显示在舞台上，自动开始计时。单击绿旗以后，开始游戏，此时游戏开始计时，如图4-3-6所示。

图4-3-6

（2）如果20s内消灭了10只害虫，则保卫胜利，否则保卫失败，如图4-3-7所示。

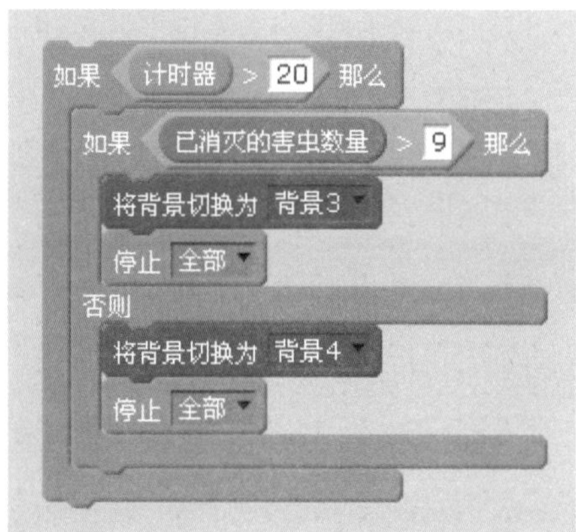

图4-3-7

小贴士：

（1）为了让用户的游戏体验更好，可以使用不同的背景配上相应的文字表示不同的游戏结局。用"将背景切换为 背景4"命令，切换到相应的背景，再结束程序即可，如图4-3-8所示。

害虫占领了种植园！

游戏失败背景

恭喜你消灭全部害虫！

游戏成功背景

图4-3-8

（2）如果游戏结局是成功，可以适当延时（如0.1s），等害虫都隐藏好了，再结束程序，这样屏幕上没有害虫，更能体现出害虫都被消灭掉了。

心得

在保卫种植园的过程中，你有哪些收获呢，写进你的游玩日志吧！

第5章 神奇的水杯

情境

生活中，我们经常使用水杯喝水。随着科学技术的发展，水杯也在向智能化发展，让我们和麦苗一家一起探索神奇的水杯吧！

任务

（1）会设计智能化水杯造型。

（2）认识魔盒中的温度传感器、倾斜传感器，并能灵活运用。

（3）拓展神奇水杯的更多功能。

知识点

（1）了解智能化产品的控制策略。

（2）学会使用温度传感器、倾斜传感器。

（3）正确使用广播和条件判断语句。

（4）在学习中感知程序初始化设计的必要性。

（5）拓展思维，设计神奇水杯的更多功能。

第1课 智能硬件——神奇的水杯

本领

（1）了解智能硬件在生活中的运用。

（2）设计神奇的水杯。

知识

一、了解智能硬件的相关知识

智能硬件是通过软硬件结合的方式，对传统设备进行改造，进而让其成为拥有智能化功能的电子设备。智能化之后，硬件具备数据采集和网络连接的功能，可实现对外界环境的参数获取、功能互动和控制。改造对象可能是电子设备，例如手表、电视机和其他电器，也可能是以前没有电子化的设备，例如门锁、茶杯、汽车，甚至房子。目前，智能硬件已经从可穿戴设备延伸到智能电视、智能家居、智能汽车、医疗健康、智能玩具、机器人等领域。

智能电视机

智能电视机是具有智能操作系统的开放式视频平台，通过互联网连接，不仅可实现一般电视视频的播放功能，更可自行下载、安装、卸载各类智能应用软件，持续对电视机的功能进行升级和扩充。

智能汽车

智能汽车就是在普通汽车的基础上增加了先进的传感器、控制器、执行器等装置，通过车载传感系统和信息终端实现与人、车、路等的智能信息交换，使汽车具备智能的环境感知能力，能够自动分析汽车行驶的安全及危险状态，并使汽车按照人的意愿到达目的地，最终实现替代人来操作的目的。

智能手环

智能手环是一种穿戴式智能设备。通过这款手环，用户可以记录日常生活中的锻炼、睡眠、饮食等实时数据，并将这些数据与手机、平板电脑同步，起到通过数据指导健康生活的作用。

智能手表

智能手表，是将手表内置智能化系统、搭载智能手机系统且连接于网络而实现多功能，能同步手机中的电话、短信、邮件、照片、音乐等。

智能蓝牙耳机

随着越来越多的手机支持蓝牙功能，蓝牙耳机已成为手机的必备选件。同时，随着支持MP3播放的立体声蓝牙耳机的推出，蓝牙耳机已能够同时连接到蓝牙移动电话和音乐播放器。

智能穿戴式设备

智能穿戴式设备，英文又称“WEARABLES”或“BODY-BORNE COMPUT-ERS”，狭义上指穿戴在人体上的、由身体一部分直接操控或者用于探测和收集人体数据的智能设备，广义上指那些可以穿在身上的电子设备，如智能的手表、智能的鞋子、智能的衣服等。

你能列举生活中智能家居运用的例子吗?

二、设计属于我们自己的“神奇的水杯”

以下为相关角色及功能，如图5-1-1至图5-1-4所示。

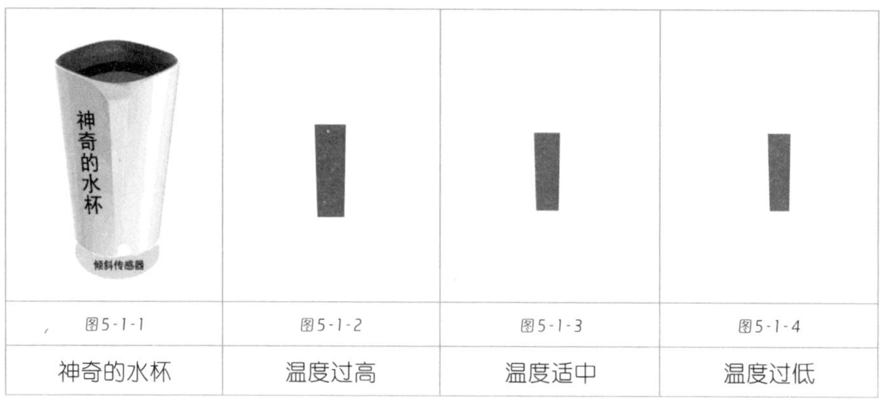

图5-1-1	图5-1-2	图5-1-3	图5-1-4
神奇的水杯	温度过高	温度适中	温度过低

温度过高时水杯表面显现红色色块，温度适中时显现绿色色块，过低时显现蓝色色块。

三、程序设计

（1）各个角色的设计程序：

“温度过高”：根据温度传感器的数值判断，如果水温过高，则做出友情提醒，并发出广播通知，杯子上色块显示红色，如图5-1-5所示。

图5-1-5

“温度适中”：根据温度传感器的数值判断，如果水温适中，则做出友情提醒，并发出广播通知，杯子上色块显示绿色，如图5-1-6所示。

图5-1-6

“温度过低”：根据温度传感器的数值判断，如果水温过低，则做出友情提醒，并发出广播通知，杯子上色块显示蓝色，如图5-1-7所示。

图5-1-7

（2）程序的初始化操作

作为程序设计非常重要的环节，程序的初始化是必不可少的，所以接下来我们要对刚才各种温度发送的广播进行处理。

例：当接收到水温过低的广播时，对应的蓝色色块角色需要做以下的脚本设计，如图5-1-8所示。

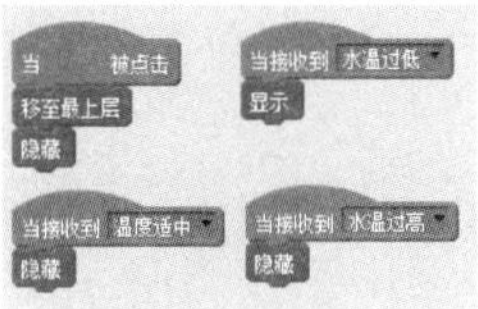

图5-1-8

同学们，你们会用同样的方法给红色色块和绿色色块进行脚本设计吗？

小贴士：同学们记得把上面的程序保存下来，下节课还会用到哦！

第2课 神奇的水杯 ——温度传感器

导语

通过上一节课的学习，我们了解了很多智能硬件在生活中的运用，接下来，我们就一起探究“神奇的水杯”的奥秘吧！

本领

（1）认识并学会使用温度传感器。

（2）程序设计的初始化。

（3）条件判断语句的使用。

（4）广播的使用。

学习

一、认识温度传感器

图5-2-1

图5-2-1中的“2”为温度传感器，可配合“1”或“3”设备使用，进行温度测量。

二、动手实践

（1）导入上节课保存的程序。

（2）利用盛思魔盒，搭建温度测量设备，如图5-2-2所示。

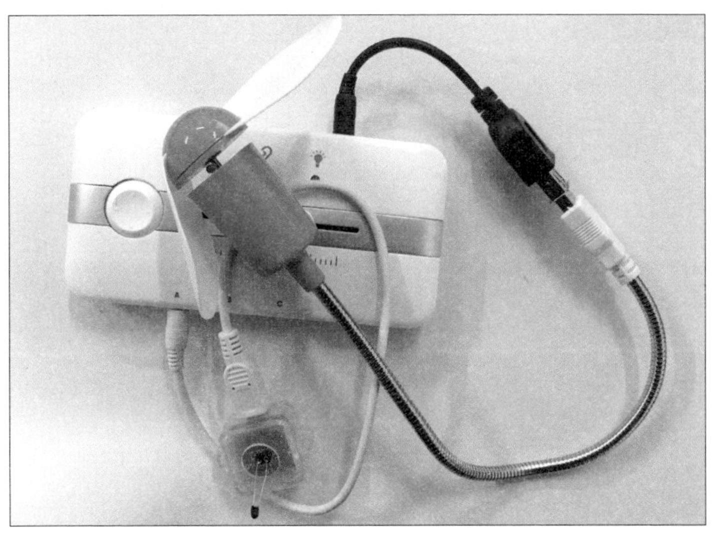

图5-2-2

这样，我们的硬件已经搭建完毕。

三、程序设计

动手实践，你能发现温度与阻力-A显示的数值之间有什么关系吗？把你的发现写在下面的表格中。

项目	温度过高	温度适中	温度过低
温度			
阻力A			

1. “神奇的水杯”角色的设计程序

（1）根据温度传感器的数值判断，如果水温过低，则做出友情提醒，并发出广播通知，杯子上的色块显示蓝色，如图5-2-3所示。

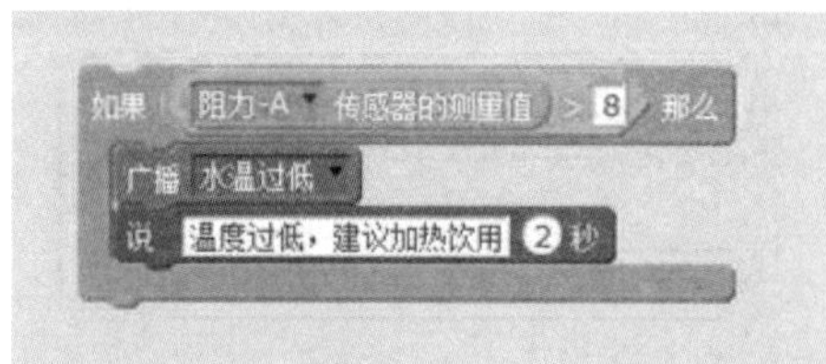

图5-2-3

（2）根据温度传感器的数值判断，如果水温适中，则做出友情提醒，并发出广播通知，杯子上色块显示绿色，如图5-2-4所示。

图5-2-4

（3）根据温度传感器的数值判断，如果水温过高，则做出友情提醒，并发出广播通知，杯子上色块显示红色，并启动风扇为杯中的水降温，如图5-2-5所示。

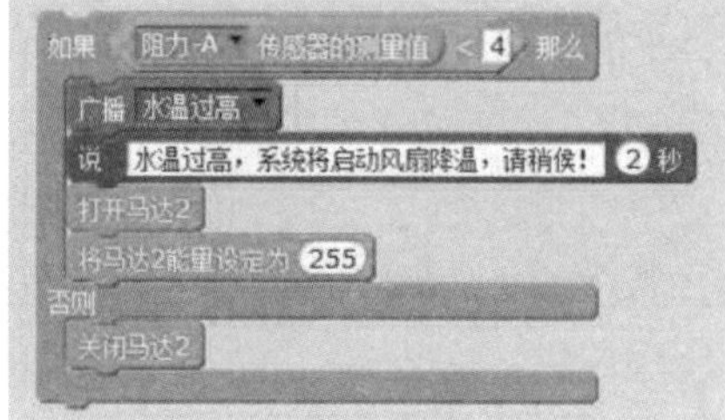

图5-2-5

如果要不断地测量温度，我们还需要加上什么脚本？快动手试一试吧！

2. 程序的初始化操作

作为程序设计非常重要的环节，程序的初始化是必不可少的，所以接下来我们要对刚才各种温度发送的广播进行处理。

例：当接收到水温过低的广播时，对应的蓝色色块角色需要做以下的脚本设计，如图5-2-6所示。

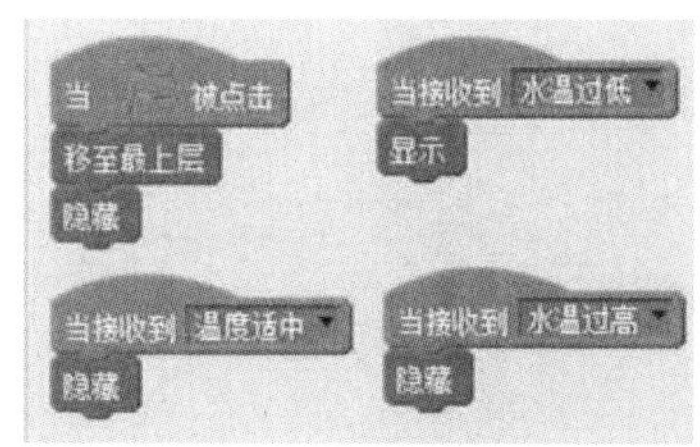

图5-2-6

第3课 神奇的水杯
——倾斜传感器

导语

通过实践，我们已经掌握了温度传感器的使用方法，本节课你将会进一步感受水杯的“神奇”奥秘！

本领

（1）认识并学会使用倾斜传感器。

（2）条件判断语句的使用。

学习

一、认识倾斜传感器

盛思魔盒中的倾斜传感器有两种状态，即0和100，如果在设计过程中将0设为平放，则100为倾斜，反之则交换设定，如图5-3-1和图5-3-2所示。

 图5-3-1	 当前为100
 图5-3-2	当前为0

二、动手实践

（1）利用盛思魔盒，搭建倾斜检测设备，如图5-3-3所示。

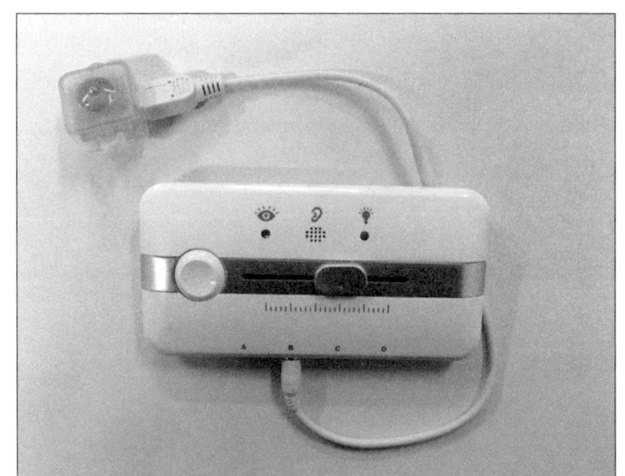

图5-3-3

同学们，昨天A端口已经插入了温度传感器，所以今天我们将倾斜传感器插入B端口，打开Labplus2.0软件，如图5-3-4至图5-3-6所示，你发现阻力-B值的变化了吗?

你能用条件判断语句实现倾斜传感器的功能吗?

如果 那么 图5-3-4	条件判断语句
= 图5-3-5	数字和逻辑运算公式
滑杆 传感器的测量值 滑杆 光线 声音 阻力-A 阻力-B 阻力-C 阻力-D 图5-3-6	阻力-B传感器的测量值（0，100）

（2）脚本搭建

当数值为0时表示水杯处于水平状态，数值为100时表示水杯处于倾斜状态，并播放声音“把我放正”，如图5-3-7所示。

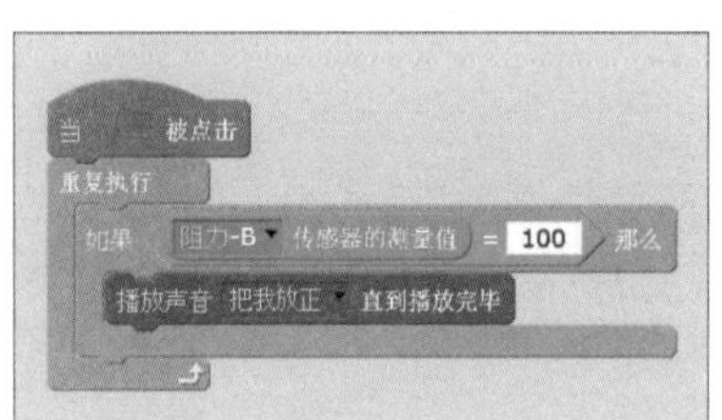

图5-3-7

讨论坊

如果条件成立（也就是发生倾斜时），你想设计怎样的提醒？

练一练

你能用脚本来实现你所想要的提醒功能吗？

心得

在这一章中，你学会了什么本领？对于“神奇的水杯”你还有哪些好的想法，赶快记录下来并动手实践吧！

第6章 疏散演习

情境

出门游玩，安全知识要铭记。如果Maker基地突然遇到火灾，你能安全、快速地逃离受灾区吗？赶紧加入我们的安全疏散演习吧！

任务

（1）设计房间安全疏散演示程序，实现角色按照给定路线疏散。

（2）设计Maker基地安全疏散演示程序，以警报灯和警报声为信号，快速疏散。

（3）疏散演习，比一比，谁的技能更加娴熟，速度更快。

知识点

（1）理解并会用广播消息实现角色与角色之间的通信。

（2）掌握画笔的使用方法。

（3）学习简单的机器人巡线原理。

（4）认识外接LED，掌握连接LED和传感器主板的方法。利用盛思模块实现LED不断闪烁；利用声音模块发出警报声。

（5）学会用其他方法控制角色移动——键盘控制、传感器按钮控制。

第1课 安全疏散

本领

（1）学会绘制简单的疏散路线。

（2）沿着正确的疏散路线疏散。

学习

一、认识画笔

模块	命令	功能
画笔	落笔	落下角色的画笔，此后角色移动时会绘制出图像
画笔	抬笔	停下角色的画笔，此后它移动时不会绘制出图像
画笔	清空	清除舞台上所有画笔和图章
画笔	将画笔的颜色设定为	通过颜色选择器选择来设置画笔的颜色
画笔	将画笔的大小设定为 1	将画笔的大小设定为指定的值

练一练

画一条步长为200的直线。

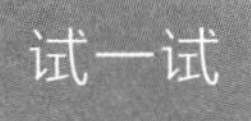

如图6-1-1所示，执行下列程序，你发现能画出什么图形？

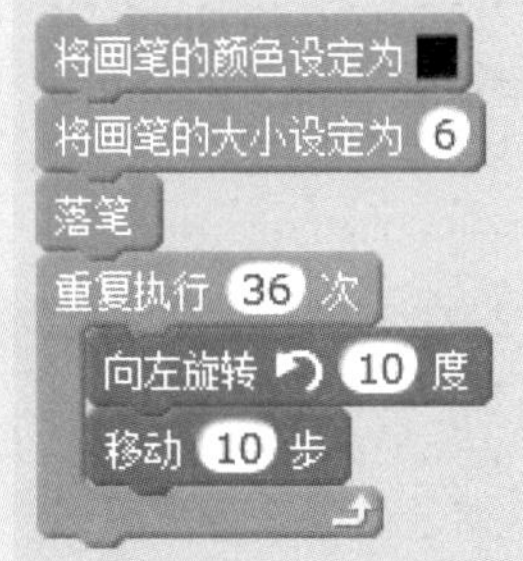

图6-1-1

想一想

你能画出半圆吗？

二、认识广播命令

模块	命令	功能
控制	广播 message1	给所有的角色广播一个消息，然后继续执行后面的模块，不用等待脚本触发
控制	广播 message1 并等待	给所有的角色广播一个消息，触发它们做某些事项，并且等待它们完成，然后继续执行后面的脚本
控制	当接收到 message1	当接收到一个特定的广播后，运行后面的脚本

学习

一、导入角色

（1）绘制一个点，作为画笔角色，用来绘制疏散路线。

（2）导入角色“安全出口”，将其拖动到路线终点。

（3）导入一个喜欢的角色（如cat），作为疏散人员。

（4）为cat添加传感器，cat在“行走”的时候，不能自己辨别路线，在它的头部前方绘制两个并列的色块作为传感器，为它的前进指引方向，如图6-1-2所示。

图6-1-2

二、绘制疏散路线

设计疏散路线，这条路径是由一条直线和一个半圆组成的。画笔角色从路线左边出发，面向右边移动，绘制一条直线，接着画出半圆，如图6-1-3所示。

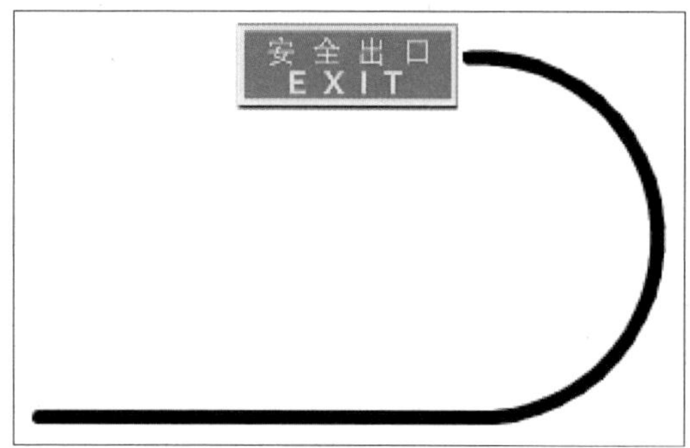

图6-1-3

（1）初始化画笔，在落笔之前先清空所有笔迹，设置画笔颜色和大小，布置画笔的位置和方向，如图6-1-4所示。

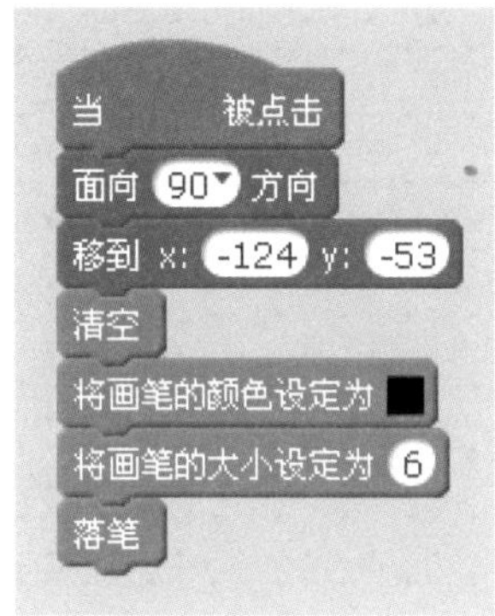

图6-1-4

（2）绘制线路，让cat先走一条直线的轨迹，接着走一个半圆的轨迹，如图6-1-5所示。

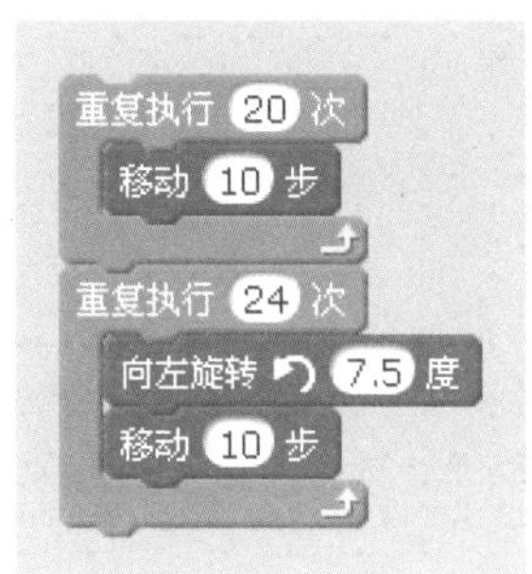

图6-1-5

（3）广播消息路线已经绘制完毕，如图6-1-6所示。

图6-1-6

你能画出不一样的路线图吗?

三、cat沿线行走

1. 初始化角色

当接收到画笔发出的消息以后，将cat移到起点，面向右方，如图6-1-7所示。

图6-1-7

2. cat直行

两个传感器都没有碰到黑线，表示角色走在了线上，此时，cat继续往前走，如图6-1-8所示。

图6-1-8

3. 转弯

（1）在转弯的时候，如果红色传感器碰到黑线，继续直行cat就走到线外了，此时只有左转才能让cat回到黑线上，如图6-1-9所示。

图6-1-9

（2）在转弯的时候，如果蓝色传感器碰到黑线，继续直行cat就走到线外了，此时只有右转才能让cat回到黑线上，如图6-1-10所示。

图6-1-10

小贴士：cat在走弧线时，每次旋转的角度和前进的步数随着圆弧半径的不同而不同，可以从小的角度和小的步长开始尝试，直到cat可以顺利转弯为止。

4. 终点

如果碰到角色安全出口，表示到达安全出口，显示“安全疏散”，如图6-1-11所示。

图6-1-11

来到了新的场地，我们要先看懂那里的疏散路线。当发生灾情时，那就是我们的逃生法宝，记录下你的收获吧！

第2课 Maker基地安全疏散

本领

（1）绘制Maker基地的安全疏散线路。

（2）发生火灾时能点亮警报灯和发出警报声作为疏散信号。

（3）快速沿疏散线路撤离。

学习

一、认识LED指示灯

名称	图片	位置	功能
光线传感器		内置	指示电源开关及输出状态，当连接电源时，亮蓝色灯；当打开电机时，亮绿色灯
白色LED指示灯		外接	发出白色的光，可以调节开关、亮度和时间
蓝色LED指示灯		外接	发出蓝色的光，可以调节开关、亮度和时间
绿色LED指示灯		外接	发出绿色的光，可以调节开关、亮度和时间
红色LED指示灯		外接	发出红色的光，可以调节开关、亮度和时间

使用外部LED指示灯时，用Scratch 传感器接口线连接，一端接外接输出接口，一端接LED指示灯，如图6-2-1所示。

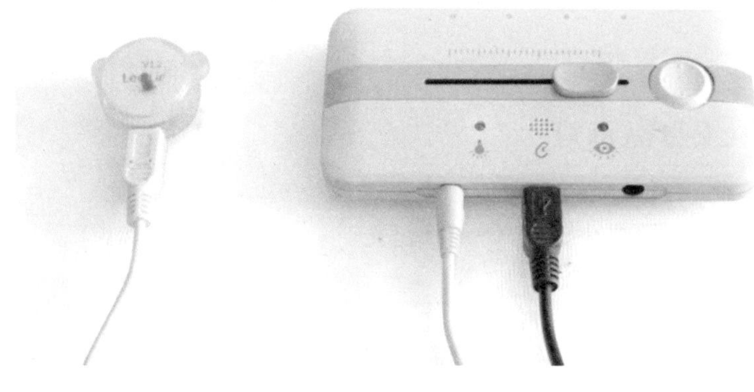

图6-2-1

二、电机的相关命令

电机的命令可以控制输出装置，如电机、LED等。

模块	命令	功能
盛思模块	打开马达1 1 秒	让电机（程序中，电机均用“马达”表示）转动指定的时间
盛思模块	打开马达1	打开电机
盛思模块	关闭马达1	关闭电机
盛思模块	将马达1能量设定为 255	电机能量的设置可以控制其转速
盛思模块	马达1方向 顺时针	让电机按照指定的方向转动

三、播放声音

模块	命令	功能
声音	播放声音 meow	播放下拉菜单中的一个声音，并且马上继续执行下一个指令模块，同时播放声音
声音	播放声音 meow 直到播放完毕	播放一个声音，到声音播放结束后继续执行下一个指令模块
声音	停止所有声音	停止所有正在播放的声音

学习

一、绘制Maker基地的安全疏散路线图

Maker基地的疏散路线图由直线和弧线组成，如图6-2-2所示。

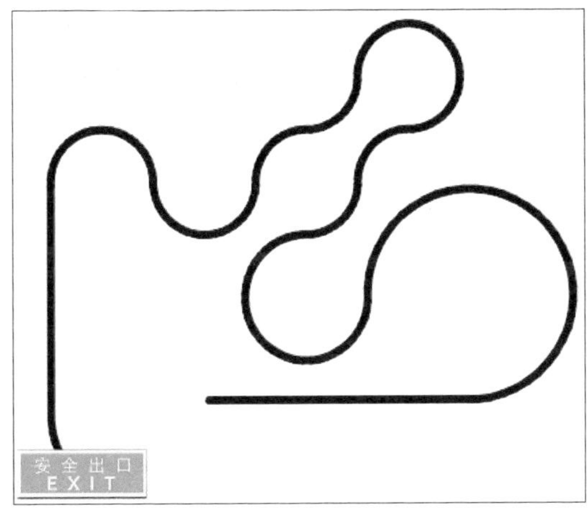

图6-2-2

自行设计疏散线路。

二、设置警报灯和警报声音

1. 闪烁的警报灯

（1）连接Scratch主机和电脑，并与Labplus软件连接。

（2）使用外接LED，用Scratch 传感器接口线连接，另一端接外接输出接口。

（3）对cat编写脚本，让警报灯闪烁。就是让LED重复“打开——关闭——”操作（“——”表示延时），如图6-2-3所示。

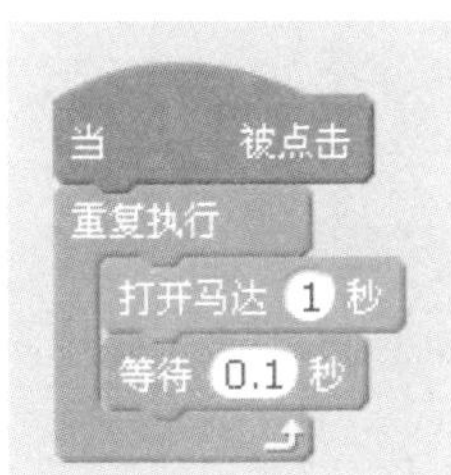

图6-2-3

2. 播放警报声

（1）导入声音素材中的火警警报声，如图6-2-4所示。

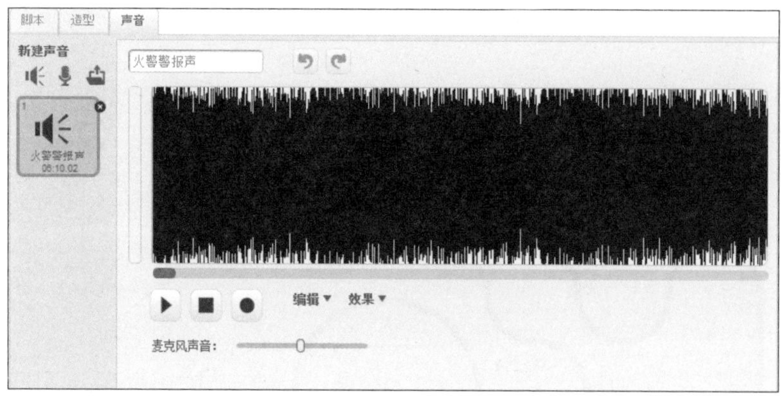

图6-2-4

小贴士：可以从网上下载声音，并上传到Labplus。如果上传的声音为其他格式，Labplus会自动将其转换成“.wav”格式。

（2）在疏散之前播放火警报警声，如图6-2-5所示。

图6-2-5

小贴士：警报声不是必须由角色cat发出，所以将其上传给其他角色也是可以，只是播放声音控件得添加给相应角色的脚本。

三、快速疏散

cat在直线上行走的时候，可以让它加速移动；在转弯的时候，则还是用原来的速度，避免因为速度过快而被“甩”到线外。

（1）新建变量，命名为“步长”，在初始化“步长”时，将它设定为1，如图6-2-6所示。

图6-2-6

（2）直行时，将“步长”的值每次增加0.5，实现加速，如图6-2-7所示。

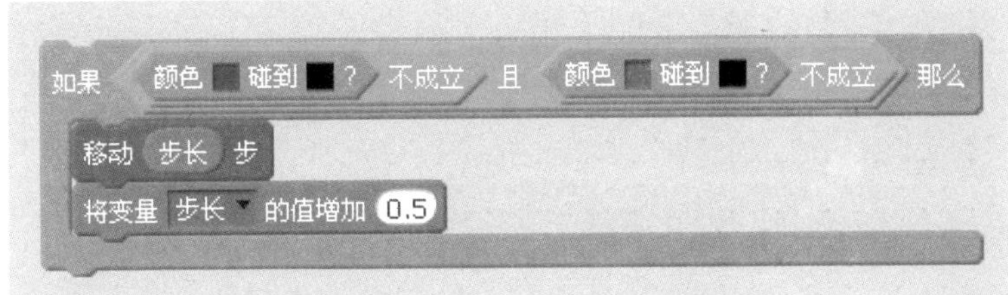

图6-2-7

（3）转弯的时候，将步长设为原始值1，为下一次加速做好准备，如图6-2-8所示。

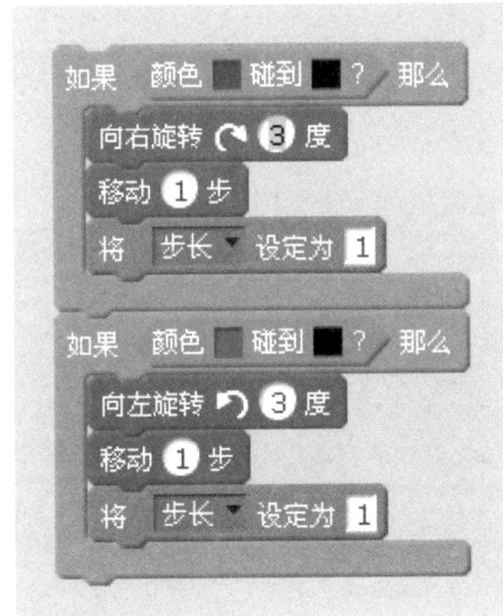

图6-2-8

在发生火灾疏散前，通常会有一些疏散信号：警报灯、警报声、口哨……我们要了解这些常识，关键时刻就能用上。快来记录下你的收获吧！

第3课 疏散演习

本领

（1）分别用键盘上的按键和Scratch主机上的按钮控制角色移动。

（2）用计时器分别记录两个角色到达终点的时间，先到达的一方获胜。

（3）沿线疏散，如果偏离路线就失败。

知识

一、角色移动的方式

让角色向上、下、左、右4个方向移动，利用面向上、下、左、右方向命令，配合移动命令来实现。

想法	命令	脚本
向上移动10步	面向 0▾ 方向　移动 10 步	面向 0▾ 方向 移动 10 步
向下移动10步	面向 180▾ 方向　移动 10 步	面向 180▾ 方向 移动 10 步
向左移动10步	面向 -90▾ 方向　移动 10 步	面向 -90▾ 方向 移动 10 步
向右移动10步	面向 90▾ 方向　移动 10 步	面向 90▾ 方向 移动 10 步

二、控制角色

1. 控制移动方式

按照判断方向的习惯，按下方向键往对应的方向行走，可以使用键盘的方向键控制，也可以使用五向键的方向按钮控制。

想法	键盘方向键	五向键按钮
向上移动	按键 上移键▾ 是否按下？	传感器 D已连接▾
向下移动	按键 下移键▾ 是否按下？	传感器 C已连接▾
向左移动	按键 左移键▾ 是否按下？	传感器 B已连接▾
向右移动	按键 右移键▾ 是否按下？	传感器 A已连接▾

2. 控制状态

子函数，即用户可以自定义的函数，其实它可以写到主函数中。

一段较长的脚本，如判断状态的脚本需要多次使用时，阅读会费劲，此时用子函数代替，可以使脚本显得更精练。

学习

一、绘制安全疏散路线图

调整画笔颜色和大小，在舞台上绘制疏散线路图，如图6-3-1所示。

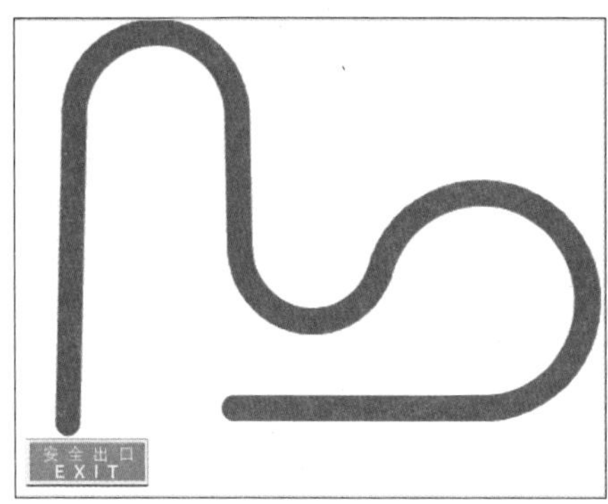

图6-3-1

二、导入角色

导入两个自己喜欢的角色，并为它们取个名字，本课中采用cat和mouse，如图6-3-2所示。

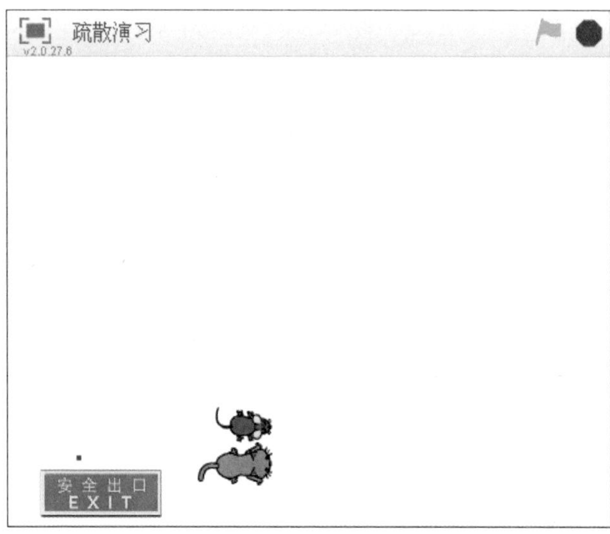

图6-3-2

三、命令角色行走

一个角色（如cat）用键盘的方向键控制，操作方向键时，让它按照命令的方向行走；另一个角色（如mouse）用Scratch Box的五向键控制，操作五向键时，让它按照命令的方向行走。

1. 初始化位置

接收到广播消息后，将角色移到起点，面向右方，如图6-3-3所示。

图6-3-3

2. 控制移动方向

键盘的方向键控制cat向上、下、左、右4个方向移动，按下上键移动时，cat向上移动；Scratch Box的五向键控制mouse向4个方向移动，传感器D连接时，mouse向上移动，如图6-3-4所示。

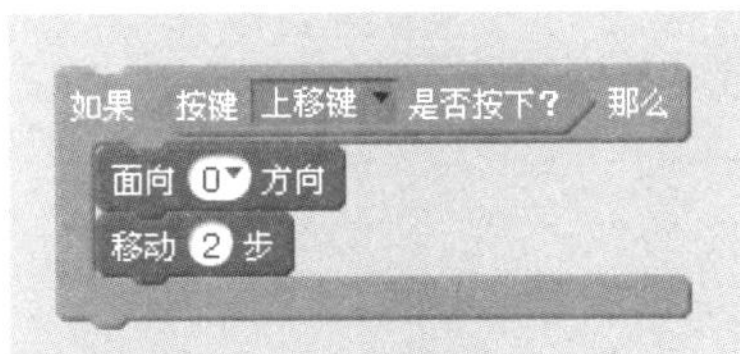

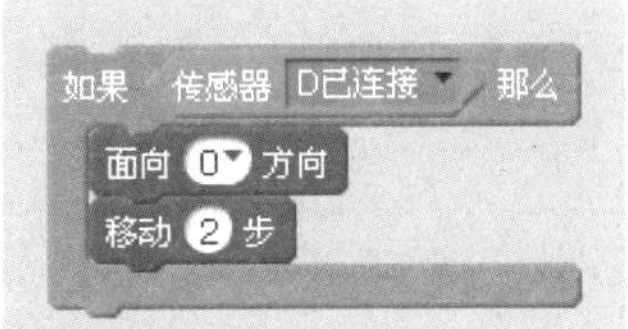

图6-3-4

请你编写出其他3个方向移动的脚本。

四、制定演习规则

1. 疏散规则

沿线疏散，如果走到线外，就算失败了，演习结束，如图6-3-5所示。

图6-3-5

2. 获胜规则

用计时器计时，到达安全出口用时少的一方获胜。

（1）疏散之前，初始化计时器。

（2）新建两个变量分别为cat时间和mouse时间，初始化为同等值，如100，如图6-3-6所示。

```
当接收到 message1
将 cat时间 设定为 100
将 mouse时间 设定为 100
计时器归零
```

图6-3-6

3. 当一方先到达时，计时器将值赋给相应的变量，另一个变量则还是较大的初始值，由此判断变量值小的对应角色获胜，演习结束，如图6-3-7所示。

小贴士：两种控制角色的方式，每种方式都是通过4个按键（按钮）控制角色向4个方向移动的，所以每个按键的脚本下都应该有同样的演习规则。

```
如果 碰到 安全出口 ? 那么
  将 cat时间 设定为 计时器
  如果 cat时间 < mouse时间 那么
    说 cat获胜！ 2 秒
    停止 全部
```

```
如果 碰到 安全出口 ? 那么
  将 mouse时间 设定为 计时器
  如果 mouse时间 < cat时间 那么
    说 mouse获胜！ 2 秒
    停止 全部
```

图6-3-7

五、优化程序

使用子函数

将演习规则脚本定义成子函数，程序更加精炼，可读性更强。

（1）定义子函数“演习规则”：分别命名为“cat演习规则”“mouse演习规则”。

（2）定义演习规则，将相应的脚本放在“定义演习规则”命令后，如图6-3-8所示。

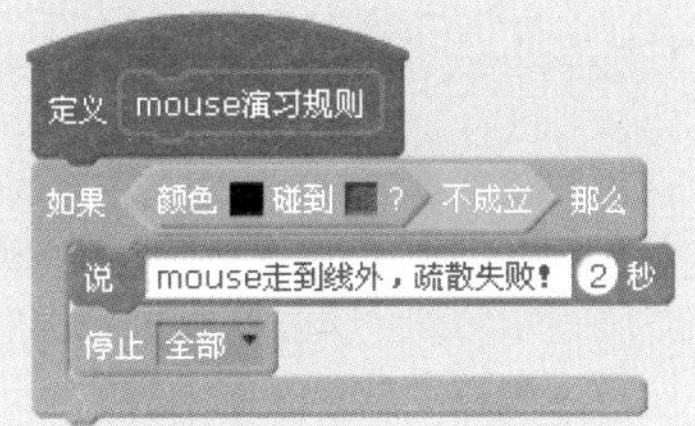

图6-3-8

（3）用“演习规则”替代原有的演习规则脚本，如图6-3-9所示。

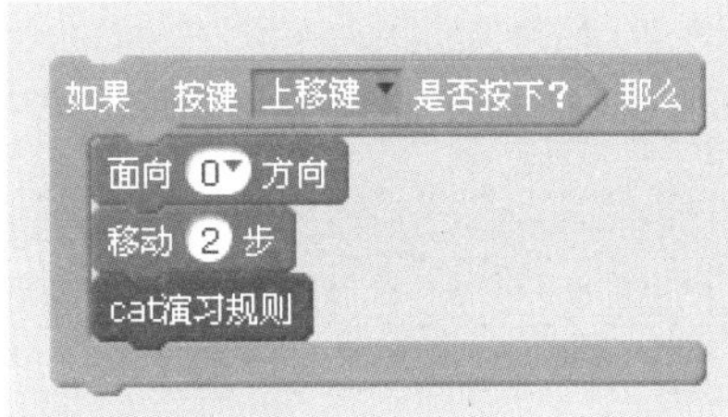

图6-3-9

当发生火灾，收到疏散信号后，你知道要怎么做了吗？记录下你的收获吧！

致谢

本书在撰写过程中，得到了管雪沨老师及管雪沨名师工作室的指导和大力支持，感谢管老师的奔走付出，为本书的完成做出了重要贡献，也给我们照亮了创客课程编写的路线。

同时，也感谢各位同仁在书稿撰写、故事创作、文字校对、文稿润色等方面的无私奉献！

labplus™ | 盛思™

深圳盛思科教文化有限公司是一家校园创客空间方案提供商和创客教育产品生产商，旗下教育品牌为labplus盛思，为国家级高新技术企业。自2012年开始践行创客教育，目前已建成近百所校园创客空间，为200多所学校提供盛思产品及创客教育课程和服务，覆盖的学生数近10万人，积累了丰富的校园创客空间建设、课程服务及运营经验。公司具有软、硬件研发及生产能力，产品具有独立知识产权，有发明、实用新型专利近20项。自行研发生产的多款创客实验箱、乐动魔盒、造物魔块、数字化实验室套件、智能物联网综合练习仪、可编程机器人以及网络编程平台等产品，涵盖了创客学习由基础到高级的器材需求，深受创客教育老师和学生的喜爱，其中部分产品远销海外，同时盛思讲师及课程团队联合国内多位名师编制了编程、传感器、3D打印、物联网、机器人等系列创客课程，提供从装备建设和课程到校一站式创客教育服务。

由盛思发起的创客教育直通车暨百城百校大型公益活动是国内最轰动的创客教育活动之一，已经为国内35个城市近万名老师带去了深入、全面的创客教育理念。2016年6月盛思受邀将百城百校创客教育公益活动带到泰国，为当地200多学生带去了中国创客教育课程并捐赠部分设备。

盛思真诚希望：

让每个孩子都有机会接受创客启蒙教育！

让有兴趣的孩子成为校园创客！

让创客文化成为校园的一道风景！

让学校成为未来创客的摇篮！

乐动魔盒

乐动魔盒是创意作品制作初级电子套件，结合Labplus软件使用，创客完成入门知识点学习后，需要创作自己的作品，基于乐动魔盒创意套件，学生通过编程控制来实现作品，套件采用耳机接口，方便插拔，使用外壳包装，保护学生免受伤害，同时提高产品使用寿命，减少意外损坏。

知识要点

- 软件编程进阶
- 逻辑电路
- 硬件控制进阶
- 创意设计

适用学段

- 3年级～12年级

产品特点

1. 独创电机输出功能

Scratch产品独创电机输出功能，成功解决了Scratch标准版没有输出的问题，为使用Scratch来控制机器人和产品输出信号做出了重大贡献。

2. 传感器品种众多

新增超过30种传感器；传感器结构小巧；最多支持8路传感器同时使用。

3. 不断新增产品资源包

超过10种标准资源包；超过20种DIY资源包；持续丰富配套的教材与视频资料。

4. 与乐高兼容

支持乐高；支持乐高的积木接口。

5. 结构美观，符合学生手持习惯

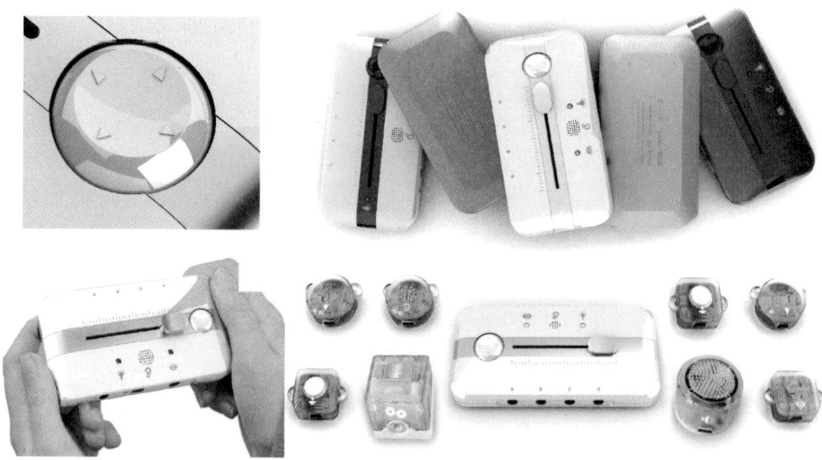